U0274340

张振宇 ◎ 著

过滤

——建筑师品建筑

同济大学出版社

前　言

　　人有美丑，建筑亦然。人之美丑，乃为天生，建筑之美丑乃属人为。

　　环顾当今城市，丑陋建筑、平庸建筑、嫁接建筑、抄袭建筑、山寨建筑比比皆是，令城市失去自我，失去特色，大有"天下建筑一大抄"之嫌，从而酿成天下城市同质化的局面。

　　城市建筑中，最令人厌恶的当属丑陋建筑和平庸建筑。

　　丑陋建筑有四大危害：一害人，二害财，三害名，四害容。丑陋建筑是强调"姿态性"，追求"奇观化"和"品牌化"的一种衍生物。

　　平庸建筑其貌不扬，平淡无奇，数量巨大，有损城市景观形象，是造成天下都市"一个面孔"的罪魁祸首。

　　小事不平，可以借酒消愁。而建筑丑陋，建筑平庸，乃为大事，非示其于光天化日之下，方能知其害。此"光天化日"乃揭评之利剑也。

　　吾写《过滤》，非"滤液""滤尘""滤色""滤气"，而是把美丽建筑、丑陋建筑、平庸建筑，将创新精神与自我标榜，从"建筑帝国"中"滤"出一二，以共议且相警示之。

　　《过滤》中，有褒有贬，均为个人愚见，绝非君子之鄙。此乃"瞀心则然，未敢谓能也"。抛砖引玉，不求苟同；发扬民主，百家齐鸣，此乃《过滤》之要义；赞都市之美丽，抨建筑之乱象，乃《过滤》之本意之精神也。

张振宇

丙申年·春

目录

建筑跛子
——谈建筑批评缺失的危害

给当今建筑创作的状况编个顺口溜：

领导定的，个个拍手赞同；

地商定的，深刻领会贯通；

名师定的，决不说三道四；

老外定的，不懂也得装懂。

就是缺少中国建筑师自己定的，即使有，也是毫无创意的"糨糊一桶"。

我认为，建筑创作和建筑评论是优秀建筑生存的两大支柱。而今，只见建筑创作"口若悬河"，建筑评论却"哑口无声"，使建筑创作成了跛子。

我国自改革开放以来，在城市建筑、城镇建筑蓬勃发展过程中，由于缺失建筑评论，只有追捧，没有追责；只有评优，没有罚劣，造成建筑形象丑陋，山寨版建筑泛滥，嫁接移植、照搬照抄成风。如此种种，使不同地域、不同气候、不同环境、不同人文的城市"近亲繁殖""面孔类同""千城一面"，完全失去自身的特色和勃勃生机。

早在1981年，同济大学建筑系主任冯纪忠教授，对我国建筑界的千篇一律，抄袭模仿就深感忧虑。他抨击道："倘若立法不周，学用不符，选择失误，相互掣制，越俎代庖，滥竽充数还是继续存在的话，建筑会搞得不堪入目。"如今34年过去了，这种现象不但没能得到改变，反而越演越烈。

城市同质化，设计质量低下，建筑师普遍缺少创新精神，很重要的一个因素是由于建筑界缺失建筑评论、评价和抨击的氛围和制度。造成此种现象的原因可以归结以下三个方面。

谁官大谁说了算，谁有钱谁说了算

各地政府追求政绩，追求GDP；开发商追求速度，追求利润，从而忽视了建筑的社会性和艺术性。即使重视，也仅仅关心少数地标性建筑，而忽略大规模的普通建筑。社会上质量低下的劣质建筑轻易过关，廉价上市，政府和开发商难辞其咎。

缺失公平、公正的招投标环境

不论是定向招标、公开招标，都是走过场、走形式，为评标而评标。即使有法规、有程序、有制度，也只是纸上谈兵。"你有政策，我有对策"，打擦边球钻法规的空子，甚至评定方案时，拉帮结伙，送礼送钱，徇私舞弊。当地政府和开发商联手徇私舞弊是造成缺乏公平、公正招投标环境的根源。他们往往"有针对性""有方向性"，甚至已经"内定"。他们把招投标

的"合法外衣"当作保护伞和挡箭牌。2015年9月,我又遇到某市一个相当大的项目,并邀请我当专家评委。这个项目,公开招投标后,有15家单位报名,政府和开发商圈定了9家入围。9家设计单位中,有7家国外设计咨询公司,包括美国和德国的知名公司;2家中国公司——也是上海排名前三的全国知名大院,可见招投标规模之大和标准之高。但,评委是由哪些人士组成的呢?当地政府的官员占六成,开发商占二成,专家占二成。然而,评标前,已有人告知我和另一位专家,政府和开发商已内定一家以前有过业务来往的国外××公司,并告知不论其方案好坏,第一名肯定是××公司,由它把其他单位的方案进行"择优综合"。所谓"择优综合"就是把第二、第三名的方案进行优化组合。我一听,这不是变相"盗窃"、变相"抄袭"吗?实际上这种招投标模式,并不是新鲜事,在我国早已广为采用。所以说,我国建筑招投标出现的乱象,可以说是政府和开发商联手设的局,其中极可能存在政府官员与开发商及中标单位之间的利益输送。

那次评审,我以"生病"为由,辞去评委。因为,我不想干违心的事。事后,我听说,内定的第一名根本就没好好做方案,大部分图片是网上下载的,滥竽充数。相反,一家意大利公司的方案赢得全场一片赞扬声，即使这样，也只能得第二名，而且方案还被变相"盗用"。

得过且过，毫无进取心

得过且过，毫无进取心，主要指我国的建筑师，当然，也包括我自己。尽管，我国缺失鼓励创新，公正、公平竞争的创作环境，但扪心自问，建筑师得过且过，唯命是从，心甘情愿于当开发商的"描图员"，缺乏进取心，也是造成低劣建筑泛滥的原因。特别在当前建设项目大退潮之际，项目越来越少，造成"僧多粥少""竞相压价"的竞争局面，建筑师更不敢在开发商面前说一句："不合理，我不干！"更不敢对政府和开发商的假招投标大喝一声："我不投！"

在这里，还要引用冯纪忠教授的话：环境、政策、偏见，逐渐形成中国建筑师贫血、冷漠、暗淡、平庸的面目。即使有一时"灵感"，也只是生拼硬凑、东抄西袭，表面牵强，形成空虚、轻浮、畸形、脆弱的躯壳。

"冰冻三尺，非一日之寒。"要扭转这种乱象，可能遥遥无

期。但，我相信随着反贪的深入，公正透明，择优录用的那一天一定会到来；我更相信，只要坚持在建筑创作领域中，实行创作与评论两条腿走路，建筑创作的百花齐放、繁荣昌盛的局面一定会到来。

为早日到达那一天，我们不妨借鉴一些国内其他行业的经验和国外对低劣建筑的惩罚经验，来推动和加速我国与低劣建筑做斗争的力度。

我们不妨学学英国。英国在推行有关公共建筑理念新标准和在"既要保存和呵护前世后世的优秀建筑的同时，也要及时批判和识别甚至拆除低劣之作的建筑"。《新民晚报》曾报道过，英国皇家建筑师学院院长提出"英国低劣建筑X级评级方案"。其目的是确定那些不和谐的建筑被拆除后周围环境可以得到改善。低劣建筑将分为X级和XXX级。X级建筑的标准是：普遍不受欢迎，绝无机会与时尚沾边。XXX级在拆除时将给予优先考虑。等级评定过程将由专门的小组负责，评委人选由英国遗产委员会、建筑和环境建设委员会、英国皇家城镇规划研究院以及英国皇家建筑师学院提名。

如，与伦敦桥极不协调的西斯尔大酒店，在全英最糟糕的建筑中名列第四。再如，纽卡斯尔的西门大厦，由于其现代派风貌与周边古典主义风格的中央火车站极不和谐，在全英最糟糕建筑中排名第八。开展评劣活动，只有一个目的——为后人留下精品建筑，让城市既美丽又具魅力。为了达到这个目的，推行评劣拆劣制度，英国政府和相关基金会，包括英国遗产委员会都会提供专项财务支持和奖励基金。

我们不妨模仿美国影视界为内容杂乱无章、粗制滥造的影片，设置具有嘲讽意义的"金酸莓奖"。在我国建筑界，不只是要选优、评优，而且要大张旗鼓地选劣、评劣，为劣等建筑专设一项"金苍蝇奖"，让人们看到低劣建筑，就像吃了一只苍蝇，让人呕吐。同时，还应该把得此"金苍蝇奖"建筑的相关政府审批官员、评委、专家、设计单位，甚至是设计师一并公布于众，让建筑界引以为戒。

建筑界不妨向文艺界学习。华东师范大学杨杨教授指出，只有坚守"百花齐放、百家争鸣"的方针和创造"批评自主、畅所欲言"的氛围，才能推动文学创作健康发展，文艺创作才能更具生命力。他特别赞扬，当前70后、80后的上海青年批评家"群体崛起"，其中由他们策划主编的"火凤凰新批评艺丛"，敢于和作家"短兵相接""真诚坦荡的交流"。实践证明，只有文艺创作而缺失文艺批评，是文艺界"脑残"作家和伪劣作品层出不穷之原因。

总之，丑陋劣质作品会带来四种后果：①危害使用者的安全甚至名声；②浪费人力、财力；③有损企业及政府名誉；④破坏环境，损害城市形象。

为此，建议建筑界应该成立"金苍蝇建筑评论"平台。我们呼吁，不论是大师、院士，不论是教授、研究员，不论是老建筑师、中青年建筑师，不论是平民百姓，都应拿起建筑评论与批评这一武器，为繁荣我国建筑，为建设美丽中国，向低劣建筑开战！

陈从周教授的脾气

十年前的一天，刘天华教授约我去同济新村，探望因中风卧床的陈从周老师。当时，陈老卧床于居室北屋，对我俩的到来只能点头示意。我默立于陈老床前，敬望着他那如雕似刻、严厉如昨的面庞，不由想起陈老艰辛奋斗的一生和他那耿直的脾气，热泪盈眶。

人都有脾气，陈教授的脾气可不一般。对学子如和风细雨；对自己则严于律己；对学问严肃认真；对痼疾拍案大骂，雷声贯耳……

许多人，包括官员、掌事之人、开发业主，甚至同行，一提起陈老夫子，都会对他的"牢骚太盛""拍案而起"不舒服。有时候，陈教授自己也有体会："我的牢骚脾气又多了。"

例如，他说：

如今，"文化"二字现代化了，凡是不景气的东西都要冠以

"文化"二字。就拿风景旅游来说，风景管理部门管不好风景，乱开山，捕捉珍贵动物，损伤名木古树，乱建宾馆，大架缆车，等等，破坏了景观，又谈何文化呢。我不知在多少次会议上，多少篇文章中，说过山林不能城市化，可是少数人，甚至领导，也爱山林城市化，最突出的是些大风景区，占森林搞建筑，比比皆是，像江西庐山历史悠久，发展下去将来庐山市政府也要放到牯岭去了，呜呼！

济南原以"家家泉水，户户垂杨"著名，现在快是"柳老不飞絮，泉涸不闻声了"。如不迅速"抢救"，何以对你子孙？泰山松在泰山本有其历史意义，今日却在泰山种了外国雪松，让泰山换上了西装！

陈教授强调应尽量保护自然的原生态。他呼吁：斧斤不入山林；他批评：现在好像是有那么一点"全民"搞盆景的势头，大家挖山上的老树桩，花木公司、盆景公司、园林处，专业的、业余的，连住在山间的疗养人员，亦常常荷锄入山，众手齐动。苏州、无锡、洞庭东西山等，每天不知有多少人在挖，一挖就是十几个桩。

听说有些地方如今又要用玲珑之石来加工做盆景了，如此则那些风景区的名峰佳石，又要遭难了。我今天提出这个问题，是想引起一些人的重视，不要杀鸡取卵，顾此失彼，要从全局来看问题。管理风景和园林的部门，要赶快定出保护的条例，永葆青山如黛，佳木葱茏！

惠山其妙在于有林木，有云气。可是如今呢？我每次车过无锡，望惠山，怅然难言，它的山背几已秃顶，无丛林，惠山渐渐地瘦小了。大概是用惯了"假领头"，只看一端，不及全身。

回忆当年拆苏州城墙，我苦苦哀求苏州市长，希望不要拆，可是我却因此受到批判。最近，苏州建城2500周年，要我提诗，我写了"谁云恩怨渐成尘，老去难忘旧日情，怕煞吴城随逝水，当年苦谏成虚声。"更看到一面盲目拆万里长城，一面又大搞捐砖来修万里长城，这真是今古奇观，我想不通。

上半年到苏州开城市总体规划会，因为2年未到吴门，要我去参观虎丘新建成的"万景园"，这使我不觉一跳，虎丘小阜耳，居然能造得万景园，真是狮子大开口。

上海有南市①豫园的湖心亭，在国务院批准的全国重点文物

---

① 南市区于2000年划归黄浦区。

13

项目内，湖心亭不是茶馆店，是豫园范围内的一景，南市区政府应该令商业局归还。最近开的市政协会议，不是对此有"还我豫园"的提案吗？我这多事者，也不知大会小会中呼吁过多少次，大小报文章也写过多少回，然而"痴婆娘等汉"，总是扑个空。上海是全国著名的历史文化名城，豫园是名城的一块王牌，为什么悬案就不能结束呢？

国家有风景法，有文物法，我们正在实行法治，而事实呢？许多地方都是长官意志办事，到下面越是有些"土皇帝"的作风。"上有政策，下有对策"，各干各的。总的一句话，为了孔方兄，什么风景、古迹、文物，由它去吧，如今要说的又是老生常谈，年年讲、月月讲、日日讲，再讲下去，自己也感到太不识时务了。

早年，陈教授每每在会议上拍案大骂，语惊四座。尤其讨厌"大观园"照壁浮雕上戴着胸罩的"十二金钗"。如此，到处指责，到处呼吁，到处"捶胸大骂"，是不是有些过分？非也！从上面摘取的案例，无不体现了陈教授惜爱和保护中国历史名园名筑的责任心。他居安思危，见危救险。有人说，"陈从周足迹遍布半个中国，也骂遍了半个中国。"他对破坏环境，破坏古建筑，对大兴土木建造不伦不类的"假古董"深恶痛绝。

在他的骂语中说得最多的一句是"没文化"，真是一语中的。在中国就是由于有些"没文化"的地方官员、假洋鬼子、见利忘义的"专家学者"，使中国走了不少弯路，损害了不少名胜古迹，浪费了大量的人力物力。

大家都知道陈教授自刻了一枚闲章"阿Q同乡"。他认为，尽管阿Q身上缺点不少，但阿Q是忠厚之人。于是，"阿Q同乡陈从周"不胫而走。其实，正是由于陈教授的"废话骂语"才有幸为地方留下了不少宝贵的历史财富。

以陈论今，当今之世，少了些老实，多了些虚荣。一些管理者、设计者，在领导面前只能当应声虫，当绘图员；在金钱面前，昧着良心良知，不敢说真话实话。这在视恶如仇、振臂一挥、大喝一声的陈教授面前，应该得以反省。

所以，我们赞扬陈从周老师的脾气，也希望专家学者中，多出几个敢于直言批评的陈从周。

（本文刊于《中国园林》期刊2010年第4期，纪念中国园林大师陈从周先生仙逝十周年）

莫言王澍

写在前面：

这篇文章，我构思了很久，想写又感到很难写。莫言和王澍是在2012年同一年获得世界级大奖的：莫言获得诺贝尔文学奖；王澍获得普利兹克建筑奖，二人顷刻间成了名人，而且是世界级名人。我没有能力和资格去评论名人名作，我只是写写二人获奖引发的点滴思考。除此之外，本文确实还有"莫言"王澍之意。

莫言和王澍获奖，国人兴奋、国家骄傲。但兴奋、骄傲之余，也有不惑之处。所以，在我的思考中，确有褒贬不明之处，我把褒贬混在一起写，观点肯定不鲜明，犹如"墙头草"。我想，这也好，因为没有观点也是一种观点，它不会左右或影响他人对莫言和王澍作品的评价。

怪才王澍

在文学界、艺术界、政治界、经济界、科技界，建筑界等各个领域都会有天才、怪才、鬼才。不论哪个领域出现天才、鬼才、怪才，我们首先感到惊讶，接着是兴奋，最后是佩服。

一提起天才，我自然而然地想起《三字经》。"莹八岁，能咏诗。泌七岁，能赋棋"中北齐的祖莹和唐代李泌这两位神童，以及西方预示"进化论"的达尔文。

一提起鬼才，影视界导演张艺谋就是一个。

在文学界，给我印象深刻的是被称为"文坛钉子户"的怪才王朔。他是一位以飞扬跋扈的文字，"痞子流氓"式的文风和"吃软饭出身，软饭硬吃"的著名作家。他的作品以"我是流氓我怕谁，直如当头棒喝，劈手撕下所谓崇高的面纱"，从而火遍大江南北。还有台湾文人李敖，那更是举世闻名的怪才。他因读"十万本书"而学问渊博。"十分狂妄"，自认为他的"白话文"是"50年来和500年内前三名包办者"。自负、自傲是他的本性。他说，"要找我佩服的人，我就照镜子"——意思是非我莫属。他还说，"嘴巴上骂我的人，心里都给我立了牌位"——

具有典型的阿Q精神。他喜欢评人、骂人，评史、骂史。他曾骂过3000多个形形色色的人。他确实是令一部分人爱恨交加的具有争议性的怪人。

综上所述，鬼才、怪才必具以下特点：

◎ 读万卷书，学问高深；

◎ 脾气古怪，因直言而口吐"狂言"；

◎ 善于思考，具有创新和探索精神；

◎ 人品和作品具有争议性。

天才、鬼才、怪才的结局，要么是"石沉大海，杳无音讯"，要么是"不鸣则已，一鸣惊人"。

王澍称得上建筑界的怪人、怪才。他自认为："我这个建筑师是有些奇怪的。"

他自述，"在高中之前，把那个时代翻译的所有西方文学都读过了"，满足了成为怪才的基本要素——酷爱读书。他的博导，同济大学卢教授说："他和那时很多研究生不一样，他除了跟我做几个小项目，基本上每天都在安静地读书。博士五年，他读了许多书，文学、哲学、艺术、建筑、规划……无书不读""整天在西南楼的小房间里读书思考"。

卢教授还说：他对当代城市规划批评颇多，从不随波逐流，是个"个性强烈"的人。

　　王澍的"个性强烈"表现在他的才气和傲气上，不时地会"口吐狂言"。在读研期间，因为他当着导师齐康（中科院院士）的面狂言："如果说中国有现代建筑师，那也只有一个半。半个是我导师，一个就是我"，从而成为学校的风云人物。

　　王澍在硕士论文《死屋手记》论文答辩时，把论文贴满了

王澍的代表作——宁波博物馆

答辩教室的墙壁，又声称"中国只有一个半建筑师，杨廷宝是一个，齐老师算半个"，这次他没有把他自己计入其内，还算有所保留。虽然论文全票通过，但学位委员会认为"过于狂妄"而没有授予他学位。直到一年后经过重新答辩，才获得硕士学位。

但从狂言的另一个侧面，反映了王澍对当今我国城市规划和由于现代风格泛滥造成的城市同质化的否定和批判。这似乎与外国建筑师认为中国没有一座好建筑，全是垃圾产品"异口同声"。

记得一位美国建筑师豪·鲍克斯也说过类似的话："近百年来建筑师很少质疑过现代主义"，并断言"因为我们中的99.999 9%的人设计了世界性的建筑物，但这些人都不是天才"。王澍成长在现代主义大旗下，"对西方的传统，其实我是下了很大工夫去研究的"，但他却成为现代主义和学院派教育的叛逆者。王澍承认自己是在前卫、先锋派的行列中（所谓先锋派，主要是指19世纪中叶，法国和俄国带有政治色彩的激进艺术家。后来泛指具有革新实践精神的艺术家，从而蔓延到建筑领域）。

王澍读博后到中国美术学院任教，首先开展的是建筑教育改革。由于王澍从本科，到读硕、读博，知识积累大都是在学校里完成的，他更清楚现有的教育行制所存在的弊病。所以，他在大学教育上进行了改革、创新和实验。在培养"造房子的人"的实践中，他认为，老师对学生是"基本不教"，或"不直接教"，而是通过发呆、思考、收集废品，并利用废品来造小房子。劳作、计划、造房，通过学生民主表决去实施。他认为，"建筑设计"是一个需要质疑的概念，他想让学生通过感悟与实践去理解设计。

尽管他也承认，"几乎所有学生都问我：'老师，我们什么时候开始学习建筑？'又问'老师，我们什么时候开始学设计？'"这类带有质疑性的问题。

为什么要改革，他说，"中国历来多四体不勤的书生"，他欣赏清代李渔，因为李渔是位"亲手造园的文人"。而且，李渔甘冒流俗非议，反抗社会，拥抱生活。他还认为，实际上，中国文化中精深的"东西"全有赖于人的悟性，从来就不是靠一堆人，而是靠不多的几个人继承流传的。例如，造园，要靠人，靠人的素养，人的实验和人的识悟。从某种意义上，"人在园在，人亡园废"。人造园，园也在造人。

第二个改革新实践是，他踏上工作岗位后，并没有组建设计事务所或与他人合伙开建筑设计公司，而是与妻子陆文宇创建了"业余建筑工作室"。王澍对"业余"这个词的解释是因"一个人因为兴趣而从事的某项研究、运动或者行为，而不是因为物质利益和专业因素"。他"潜伏"了六年，在这六年里他很少承接建筑设计任务，而是经常与民间工匠在一起，试图寻找建筑的本源，并强调回归本土匠艺。他全面调查整理中国本土，"特别是浙江的民间建筑匠艺学"，并亲自动手，以使传统匠艺得以传承和拓展。

王澍把这些年的工作重点称之为"复活式"设计：这是以"非常个人化的技艺为基础的一种设计"。王澍认为，中国建筑师之所以创新思维枯竭，很主要一点是没回到生活中去，脱离生活，脱离国情，甚至想把中国变成另一个美国。在他看来，现代主义建筑犹如外来物种黄花金鸡菊而沦为"吸血鬼"。这也是他对现代主义建筑的基本批判。

王澍给建筑师们提出"警示"："如果你发现一个建筑师满嘴讲传统、讲自然，但是根本不自己亲手做，那一定是假的，那只会是一个符号。所以要转换思想，到真正的生活里，在自然中徜徉，并亲自动手去创作。理论与实践脱节，是造成很多建筑师

23

创造力枯竭的根由。"关于"说"和"做","理论与实践"这个问题，早在孔子遗训中，孔子就警告众弟子："切记，践行者盛，空叙者萎。"可见言行一致的重要性。

王澍说，传统不是你想回去就能回去的。搞一个假古董，搞一个疯狂的现代东西很容易，如果把假古董作为传统，把奇怪建筑叫作创新，那么一点意义也没有。他认为真正的中国传统在哪里？在现实的生活里，在建筑师的独立思考里，在民间匠人手里。

王澍还说，中国文化真正高明的地方是："被称作形而上的风景与形而上的思想和想象，我们经常让文化在同一个东西里实现。"对于类似这种"玄"的观点，经常出现在他的文章中。

狂人必有出人意料的行为。王澍在认清当今世界现代建筑帝国的"没落"后，决然反其道而行之。20世纪90年代初，他自动"中止了职业建筑师的生涯，用他的话说这是'自我失业'"。他停下脚步，投入创建"本土建筑艺术学"和传统回归的探索中。从王澍的"传统不是你想回去就回去的"这句话里，渗透着他多少思考和牺牲。人在迷路时，能明智地地停下脚步，观察和寻找环境记忆，重新修正自己的前进方向，往往是找到一条"活路"的必然。这使我想起一位20世纪90年代平面设计领域的代表人物，世界上最负盛名的美国平面设计师施德明（Stetam Sagmeister），因为缺乏创意而毅然关闭了自己的工作室，为自己争取更多的自由空间回到生活中，自然中吸收营养和激发灵感，他说："不要顺理成章地接受一切。"

对于中国传统的建筑，王澍认为："中国传统的建筑既没有建筑物，又没有建筑史著作，建筑理论著作，也没有建筑设计的教科书，什么都没有，那么，它存在于哪里？它就存在于活着的工匠体系里，存在于手做的经验之中。"显然，这种定论过于霸道，千年来中国出现了不少建筑师和建筑理论著作，这在张钦楠著的《中国古代建筑师》一书中可以找到答案。

总之，王澍确实符合怪人、怪才的四大条件。对于怪人、怪才的言论和作品欣赏的立足点，必须放在"怪"上，看怪才到底"怪"在哪里？用普通的视觉，常规的观念去看，就会得出"怪诞""怪异""不伦不类"的结论。如果以怪看怪，那么才会见怪而不怪。

"不敢恭维"

按理说，王澍是中国本土建筑师获取世界普利兹克建筑奖的第一人，理应似莫言获奖那样在中国引起轰动效应。但在中国，在中国建筑界，反响并不大，好像点了一个哑炮。许多圈内人士，一提起王澍也会若有所思地反问："王澍，王澍是谁啊？"甚至，王澍本人在获奖后发表的言谈中也承认："我这个建筑师是有点奇怪的。2012年我获得了被人们称为'建筑界诺贝尔奖'的普利兹克奖，对中国建筑界是一个很大的震动，因为当时很少有圈里的人知道我，甚至有很多人问这个王澍是谁啊？"

为了深入了解王澍，认识王澍，有不少知名的中、老年建筑师，沿着同济大学出版社出版的《王澍建筑地图》，重点参观了王澍的象山校区一、二期工程，宁波美术馆和宁波博物馆等获奖代表作。我还特意向其中部分建筑师征询"观后感"，他们的回答是那么惊人的雷同："不敢恭维。"

"不敢恭维"是什么意思，我理解，有以下几层含义：

首先，确实王澍获奖前在建筑界并没有什么名气。他既不是知名建筑教授，也不是中国设计大师，更不是科学院建筑院士，

自动扶梯与步行扶梯使用人数比15∶1,步行扶梯浪费空间和面积,成了现代设计手法形式主义

甚至连国家一级注册建筑师也不是。1988年南京工学院（今东南大学）硕士毕业后，他去了浙江美院，即现在的中国美术学院，从事旧楼改造工作。1997年与妻子陆文宇一起成立"业余建筑工作室"。所以，建筑界大多不知王澍其人其事，这是事实。"王澍是谁啊"绝不是因"文人相轻"或者"同行是冤家"引起的。好奇、疑问、不惑致使不少建筑工作者踏上寻访

开窗不当造成自然光线形成炫目的光斑

室内灯光设计容易让人视力疲劳

王澍"足迹"之路。

然而，当许多专家学者看完王澍作品后，反而变得更加平静，大多数人在"不敢恭维"后，就鸦雀无声，显然他们并没有被王澍的这些作品说服。他们"心知肚明"，但又不想畅所欲言，生怕被人误为庸人之见，或成为"燕雀焉知鸿鹄之志"之笑柄。这就是名人震撼效应，对名人作品的解读，往往要慎之又慎的。

但不得不认识，"不敢恭维"还客观地反映了一个事实，那就是我们和王澍之间的差距：

　　当我们在青少年时代连课本知识都懒于熟记时，王澍自述，他在青少年时代已经读完了当时的中国和西方的经典著作。

　　当我们在大学学生时代大多喜欢听流行音乐时，王澍却喜欢听谭盾的"来自自然和人类本性的声音，这种声音类似于巫术，有点像古代南方少数民族那种从身体里嚎出来的声音"。同学们问他，"你在听什么？这是音乐吗？这不是鬼哭狼嚎吗？"他对同学说："你们听不懂。"

　　当我们在论文和文章中慎重地选用外国名人的论点时，王澍却在硕士论文《死屋手记·空间的诗语结构》中，大量摘用包括西方文学家、艺术家、哲学家、建筑学家等多达12人的论言。其中现代建筑大师勒·柯布西耶出现6次，艺术家马塞尔·杜桑5次。最多的是P.艾森曼，在"形象与修辞"一节中出现8次，在"空间的真实性"一节中也有8次之多，似乎超过论文中限制使用名人言论的30%的限制。他渊博的知识，也是使人们难以读懂他的论文的原因。

　　当我们迷望"与世界建筑接轨"时，王澍却说，这是个伪命题，是个假问题。

当我们热望追随类似美国的现代化大潮时，王澍说，这是个"死屋"，现代主义已走入死胡同。

当我们顺行政府的旨意，无奈地接受开发商的"胁迫"和大量"生产"现代建筑时，王澍却远离"追金之地"，与妻子陆文宇雇了几个工匠成立"夫妻店"——业余建筑工作室。他认为追求自由是比准则更具价值。

宁波博物馆主入口

当老专家、老教授大声呼吁保护老祖宗遗产，反对大拆大建时，他却能绕开争论，规避矛盾，到民间去收集拆除旧建筑留下的"老砖老瓦、门当蹲兽、陈柱旧梁"，拉回来研究、琢磨，经再加工、再设计，给旧材料赋予新的生命，并被他"频繁地使用到新建筑中"。用当时普利兹克奖评委主席帕伦博勋爵对王澍的评论："他的作品能够超越争论，并演化成植根于其历史背景永不过时，甚至是有世界性的建筑。"

"不敢恭维"最后一层意思与"不敢苟同"相近，显然是对王澍的作品有看法。大多数人在"不敢恭维"后就没有下文，但有个别人还是壮着胆道出不敢恭维的原因。当然，能提出问题的肯定是有名气的大腕或有见地的专业人士，如同济大学室内设计大师来增祥教授就是其中之一。

一天，来教授来到我的事务所做客，下面是我俩的对话：

"看过王澍的作品吗？"

"看过。我特意去了宁波，重点看了宁波博物馆。"

"有何感想？"

"不敢恭维"。（又是一个不敢恭维）

"你是室内设计专家，能否介绍一下宁波博物馆室内装饰方

32

面的过人之处？"

"别的不说，室内灯光设计实在不怎么样。"

"具体点。"

"建议你也去看一看，亲自感觉一下，回来后，我俩就有交换意见的基础。"

谁都知道，对于博物馆而言，主要是靠稳定的、柔和的室内灯光来保护和明亮展品的。我非常认可："光是建筑空间的生命""光是构建心理空间的绝妙元素之一"的论点。室内灯光不仅仅是照明，更是人与人、人与展品的沟通渠道，而绝不是建筑的附属品。一个好的建筑师，应该在建筑的室外、室内的设计上，都有深入的、里外贯通的整体思考，而不是仅仅给建筑穿上一件时尚华丽，或朴素无华，或奇异怪态的"服饰"而敝之。

为了"验证"来教授的"不怎么样"，2015年5月1日，我"伙同"陈烈铭、俞秀蓉、殷建新三老友，参观了宁波博物馆和宁波美术馆。参观后，我在日志上写道：高大的建筑空间内安置的灯光，很难将墙上挂的和桌面上放的展品，让观众清晰、轻松地看清楚。往往，需要参观者集中精力，集中眼神"用劲"看。参观宁波博物馆之后，我认可了来教授的观点，因为我们四个人，不约而同地感到"眼睛很累、很疲劳"。

除室内灯光外，我对宁波博物馆的自然光也多看了几眼。博物馆外部开窗，无论是墙窗还是天窗，设计者都是相当斟酌，以免让自然光随意地洒在馆内的墙上或作品上，造成眩光和老化展品。建筑师为了追求造型，为了"省劲"，干脆把自然光封杀，这也是设计博物馆、美术馆之类建筑，采用大面积实墙面而少开外窗的原因之一。即使这样，宁波博物馆还有欠考虑的地方。你看，在墙上的主题画面上留下的一条日光强光带，就很煞风景。人们说，难道建筑师不懂光，不会设计光吗？实际上真的是这样。当今建筑师，真的不太重视光，不会组织自然光，更不会设计人造光。合理地尽可能利用自然光是环保、节能所倡导的，特别在一些重要的公共建筑中，自然光的利用更值得重视。

有人说建筑室内设计是对建筑师建筑设计的"补充设计"，往往由室内设计专业来完成，似乎不能把责任归于王澍。我则不这么看，因为建筑师应是该项目的"总指挥"。作为建筑，是由外部与内部空间组成的复合体，就像人一样，不仅要外貌美，也要心灵美。建筑设计师应该对室内设计的创意予以确立，以使得室内设计与建筑功能，建筑外观取得和谐、统一的效果。

当然，除了灯光，我还发现一些"形式主义"的设计细节。例如，王澍喜欢在室内、室外大量运用踏步楼梯。宁波博物馆大厅内就有一部宽大而醒目的踏步楼梯，由于室内层高比较高，所以楼梯延续长度和高度看上去很壮观。与此同时，在大厅另一侧还有一部自动扶梯。我站在边上观察，乘坐自动扶梯的人数与气派的十分浪费空间的踏步楼梯的人数之比是15∶1。我们知道，现代社会，人来到博物馆是来看展品的，而不是来上下走楼梯锻炼身体的。出于现代人的惰性和时间的紧迫性，都喜欢乘电梯和自动扶梯，楼梯仅作为紧急疏散所备用。王澍设计的这部巨大的人行梯，只能是一种现代设计手法的装饰部件，一种现代主义流行的形式。

　　美术馆、博物馆，在现代社会中，占据着重要地位。它能体现"国家的威信和民族的光荣"。作为公共场所、公共设施的博物馆，也成为各代人，各层次的人交流知识和自我修养的重要场所。建筑师能拿到这种项目不易，但要设计得令人信服更不易。看了宁波博物馆室内设计后，我真的对普利兹克奖评审辞中说宁波博物馆"不仅照片上看很震撼，置身其中更令人感动"这句话有所质疑：你们评委中有几个到过宁波历史博物馆？

有的名人名家不想公开评论王澍作品，往往以"不可恭维"敷衍了之，但在我大学同班微信群内和个别交流中，因"群内即兴聊天用语，言者概不负'言责'与'文责'之常规"，所以，就"口无遮拦"。谈了真实的看法：

　　有的说，窗户七上八下，大小不一，给人一种错乱不安定的感觉。

　　有的说，建筑形体七歪八扭，离奇古怪，'以丑为美'既无审美价值又不实用，形式主义至上，犹如书法界出现的'丑字'潮。

　　有的说，这是先锋派追求个性化、奇观式设计的必然，他们的愿望是想把建筑设计得更有特色和个人色彩，是为了城市更美丽。

　　有的说，看了象山校区，感觉有不少新意和创意，值得研究和学习。

　　当然，参与评说的学友都不是等闲之辈：有的是市政协委员，有的是建筑杂志主编，有的是古建专家，还有一位是具有中国建筑设计大师称号的大师级建筑师。

　　现在，建筑界人人知道王澍，所以不会再问"王澍是谁啊"。然而"不敢恭维"之态度却依然存在。但一个人,一件作品要让所有人都"恭维",确实是件比登天还难的事。因为,人无完人。同样,任何作品也不可能没有"瑕疵"。你能说达·芬奇画的蒙娜丽莎没有缺陷吗?有人说这是少女的微笑,有人说这是少妇之笑,没把身世和年龄画准,这本身也是缺陷。正因为有缺陷,才使蒙娜·丽莎的微笑更美,这叫缺陷美。王澍的作品肯定也有不足和缺陷,但这些不足和缺陷,肯定不会成为我们从"不敢恭维"向"敢于恭维"方向过渡的绊脚石。

王澍的作品——"你们看不懂"

由王澍与"许江院长为代表的一群教授",所打造的中国美院约20万平方米的象山新校区一期工程竣工后,对王澍的设计引起了争议:大多数人认为这是一个糟糕的设计,美院中有的人甚至说:"要看最丑的建筑吗?去象山看吧!"象山二期工程竣工后,有座建筑似迷宫,因人走进去容易迷路而出了名。刚到学校的学生,一进校门忙着去找那座"进得去,出不来"的建筑。(如果真是这样,万一遇上火灾怎么办?)特别是有的楼宇的窗户开得高低不一，给人一种"心里七上八下"的不安定感，会引起学生心神不宁。（如果学生有这种心理状态和感觉怎么能安心的学习，学校的氛围就需要安宁。外墙窗口大小不一、高高低低这种"时尚""前卫""反传统"手法，王澍在建筑设计中没少用。）但许院长和校方却站在少数派王澍一边，你们看不懂，无奈，许江就请来了说客。他把张永和、刘家琨这些建筑界的腕儿请来，开了个"中国实验建筑师研讨会"，"用他们的嘴巴来解释王澍这些建筑是有道理的"，为"看不懂"的群众办了一次提高观赏力的速成班。但大多数人还是口服心不服。两年后，王澍当选浙江"时尚人物"，最有象征意义的是颁奖就在王澍设计的"最难看"的8号楼里举行的。

"你们看不懂"，还有一案例：

王澍自己描述了同样一件建筑展品，东方人与西方人在"识货"上的差异：

2006年，第十届威尼斯国际建筑双年展上展示的《中国馆·瓦园》，是王澍用66 000块来自收集旧房拆毁的青瓦，用集装箱运至威尼斯，由业余工作室的5名同事，3名工匠和王澍本人，用了13天时间在威尼斯的草地上，匍匐建成的"回水归堂"

坡道过于光滑，容易滑倒造成安全隐患

入口大厅楼顶积垢

大堂的显著部位被非"展品"占据

的四坡顶瓦屋面，称之《中国馆·瓦园》。王澍说："很多中国的观众到了威尼斯双年展上，来了就问中国馆在哪里？人家说这是中国馆。哦，就是这个样子。看了一眼掉头就走了。而来自世界其他国家的很多人，看了之后感动地停那就不走了，一个小时、两个小时，或者一次、两次，最后还带家人来。"王澍还说："威尼斯双年展技术总负责雷纳托在'瓦园'走了几个来回，诚挚地告诉我：真是好活。但有意思的是，他的眼中没有看到什么'中国传统'，而是感谢我们为威尼斯量身定做了一件作品。他觉得那大片瓦屋面，如同一面镜子，如同威尼斯的海水，映照着建筑、天空和树林。"

在中国司空见惯的黑瓦屋面，在国外却成了宝贝。

中国观众"看了一眼掉头就走了"并不表明东方人看不懂或者不识货，只不过这古老的中国货，中国人早已司空见惯，不稀奇而已，不值得越洋过海到威尼斯来看。而洋人猎奇心重，他们对没见过或少见的东西就特别好奇，就特别会联想。王澍推出的是中国古董，"价廉"却物美。

建筑犹如人们穿衣戴帽，由于每个人的生活、修养和喜好不一，所以在服饰上也各有千秋。但大众审美观还是有共性的，如，比例、韵律、色彩、材料等诸方面。如果跳出一般的带普遍意义的审美观，那就是另类，就是怪异，或美其名曰时尚。但每个时期或每个时代，反传统的时尚风，时髦但不永久，成不了主流，就像裙子可以翻花样，但西装和旗袍却不能大改大变，以确保其经典和传统。

"你们看不懂"，还反映在王澍获奖方面：

2004 首届中国建筑艺术奖；

2005/2006 宁波五散房项目荣获HOLCIM基金会首届全球可持续建筑亚太区奖；

2007 法国建筑师学会、法国建筑遗产城首届全球可持续建筑奖；

2008 杭州垂直院宅获德国法兰克福全球高层建筑奖提名；

2010 作品"穹隆的坍塌"获第12届威尼斯双年展国际建筑展特别荣誉奖；

2011 法国建筑科学院金奖；

2012 普利兹克建筑奖。

可见，奖项大部分在国外获得，我们要么怀疑国外奖项的成色，要么责疑国内专家和官员的水平——有眼不识泰山。难道

"墙里开花墙外红"是因为墙外的阳光更充足，还是因为自由的空间更大呢？

"你们看不懂"并不等于"你们"永远看不懂，鉴于名人效应，观赏和评审水平自然会提高，再采取补救办法也不迟。当我还没把这段话写明白，果然，2015年就出炉了《中国当代十大建筑》名单，并强调这是由"第三方"，即"除政府和开发商"以外的专家权威评出的，其中"中国美院象山校区"赫然在列，算是紧随国际普利兹克奖的步伐，体验到该项目的"怪味"，并给予"补发"了奖状，这也算是"与国际接轨"的举措吧。尽管这是迟到的奖励，但也可套用"好饭不怕晚"这句俗语。

这个时代，"创新"是主题，是出路。你的作品要高人一等，要引人注目，就要有所创新的理念和内容，这叫出奇制胜。有争议的作品，往往是因"创新""出奇"或"故弄玄虚"而引起。有句古词："众人皆醉，我独醒"，千万别小看了这个"独"字，独思、独立、独味、独到之处，独树一帜。

王澍的作品，"你们看不懂"，就是没读懂这个"独"字。

推手——上帝之手

推手，上帝之手。

推手有以下几个条件：推手就是"伯乐"——能善于发现和选用人才的慧智和能力；推手一定是个某职能的内行或某职业的高手，或者本身就是位有成就有地位，有钱有势有影响力的名人；推手要具备审时度势、高瞻远瞩的能力；推手应有教导培育而且善于包装人才的能力；推手还必须有公正心，不为私利而为，这也是区别正推手和黑推手的分水岭。

推手，可能是个人，也可能是团体。如浙江电视台的"中国好声音"，如中央台的"星光大道"等节目，都有发现人才、选拔人才、培育人才的目标。

一个人的成名乃至一本书、一件艺术品的高值，也是由一个或多个已成名或有名望的人的赏识和推荐而就的。

世界上有许多奖项：电影影视界的奥斯卡奖，戛纳奖；文学界的诺贝尔奖；建筑界的普利兹克奖；音乐界的格莱美音乐大奖等，包括我国的金鸡奖、鲁班奖、鲁迅奖，等等。在名目繁多的奖项后面，都少不了推手。当然，推手中有正直的推手和抱有个人或团体以私利为目的的推手。所以，推手的动机和目的性很强。

先以奥斯卡奖为例，有篇文章揭示"奥斯卡背后的公关内幕"：很多人怀疑政客与好莱坞沆瀣一气，其中韦恩斯坦影业的老板哈维·韦恩斯坦在20年的奥斯卡评奖游戏中，一直以"最不择手段的推手"而闻名。尽管为确保"冲奥"过程中公平、公开、透明，并出明文规定以确保杜绝贿选。但这种事，向来是"你有政策，我有对策"，特别是那些"狡猾且财大气粗的制片方"。

有人评说，戛纳电影节的戛纳奖，在连着看10天电影片后，每届戛纳评委成员会聚在一起经过"脸红脖子粗"争论各部电影的优劣，大多数评奖结果都反映了评委的喜好和口味，甚至成为"个人思想的发泄处"。曾经发生过评委主席"举贤不避亲"，他一定要把"金棕榈"颁发给自己的恩师。甚至有人担任评委时因看不惯某导演，而挖空心思让某导演本该获奖的影片"颗粒无收"。

再比如，"Top Rank"全世界最有名的职业拳击推广公司，他们看中我国已年过三十的职业拳击手邹市明，想把他转变为职业拳手是从三方面考虑的：一是邹市明已获得过两届奥运会冠军，确实有一定实力；二是他们看到了中国的大形势，用Top Rank创始人鲍勃·阿鲁姆的话："因为他（邹市明）来自中国，他身后有13亿中国人的关注。"三是，邹市明能给他们公司带来丰厚的利益。由于Top Rank的操作，在澳门邹市明拳击赛的广告铺天盖地，刮起了强劲的"邹市明热风"。

有篇"自由谭"文章中，提到我国鲁迅文学奖再度卷入"拉关系"风波。鲁迅奖是我国文学界大奖之一，经费多由国家拨款。今年，湖北作协主席、作家方方坦言："实在看不下去，想阻击评奖拉关系的不正之风。"拉关系也是由于某人或某些人作为黑推手的一种表现。

言归正传，这篇文章的重点是"莫言王澍"。我想从"推手"这个侧面，谈谈莫言和王澍的背后有没有推手，推手的作用和力量到底有多大。

莫言在获取诺贝尔文学奖以前，有多少人认识，他的作品又有多少人拜读过暂且不谈，反正，我和我周围几位老兄，压根不知道其人其书。好不容易找到一个读过莫言小说的朋友，他直率地说："看不下去，不知他在写些什么。"我们这代人只知道巴金、郭沫若、赵树理、贾平凹。那么中国人不知道，怎么外国人，特别是诺奖的评委们怎么会知道莫言的底细，并把诺贝尔文学奖颁给了他。有人相信在诺奖评奖的背后，肯定是有一个巨大的推手。

不论获什么世界大奖，首先要让世界知道你，了解你的作品，认识到你对人世的观点和影响力。莫言的第一个推手，非大导演张艺谋莫属。《红高粱》电影在中国走红后，播向世界。世界上不但认识了张艺谋，认识了巩俐，而且认识了莫言。而影片立体的影响力和传播速度远比作品大得多快得多；还有个重要推手应归于中国作家和翻译家万之和其瑞典夫人。特别是万之的夫人，瑞典的汉学家、翻译家，瑞典文学院文学翻译奖获得者陈安娜·古斯塔夫森。她从1990年始，先后翻译了莫言、阎连科、余华、苏童、韩少功、贾平凹、刘震云、虹影、陈染学等10余位中国作家约30多部作品。"陈安娜之所以如此热衷中国文学，主要得益于他的中国丈夫万之"。万之熟悉中国作家圈，并为其妻子"筛选"和提供中国作家的"精品佳作"。

那么王澍获世界建筑奖的推手又是谁呢？众人皆知，非许江莫属。许江，是中国美院院长，是位知名的美术界大佬。新华社记者方益波曾在一篇《知心、信任、支持——从王澍获奖看中国美院的人才观》中写道：

　　王澍的成功，中国美院对人才'同道交心'有着密不可分的关系。王澍刚到美院时，没有多少人赏识他，甚至有不少反对、贬损的声音，但是院长许江慧眼识才，将王澍视为"诗性上的同道者"，经常同游、诗文唱和，用文心来交心。王澍读博士，许江为他写推荐信；其博士毕业论文大家都说看不懂，许江为他写鉴定。王澍回到美院时，许江就专为他建一个建筑系。后来王澍出任美院建筑艺术学院首任院长。宁波要建美术馆，许江积极推荐他，这个作品后来成为王澍获得普利兹克奖的重要代表作。美院建设新校园，学校将这个20万平方米的大项目全部委托王澍，许江和他一起去杭州万松书院寻找山水灵感，先后写了三首诗赠予王澍。在点睛之处，许江还和王澍一起工作。王澍说："许江院长为代表的一群教授，像是某种心灵唱和，在影响着这个校园最后的形成。"王澍的设计常常会引起争议和误解，美院领导坚决站在"少数派"王澍一边，给予强有力的支持。象山校园一期刚建成时，很多人传说："要看最丑的建筑吗？去象山看吧。"但是美院不为所动，坚持把二期工程继续交给王澍。此后，象山校区在国际上赢得广泛好评，成为各国建筑师们到中国必看的名作。

从这篇文章中透露出，许江之所以竭尽所能为王澍铺路。首先，他认为王澍是可塑之才，其次他俩的兴趣爱好——"诗性上的同道者"，是许江成为唯一能解读王澍的人。为此，许江敢于担风险给王澍推荐项目，为王澍担当责任。可以这么说，王澍的成功就是许江的成功。我们在赞扬王澍的同时，别忘了赞扬许江，因为是许江把王澍推上世界建筑大舞台的。

当我们在追逐名人名家，探究他们成名之路时，发现成名的公式是：智慧+努力+推手，这里推手就是"上帝"。

所以，有的人即使作品再多，没人欣赏，没人包装，没有推手，那说明"上帝"看不到你或上帝遗忘了你。但，不要抱怨，要从自己人品和作品中去找问题，创作出好作品来，耐心等待上帝之手的到来。

推手——希望之手

由于中国文学，特别是古代文学所具有的高度、深度和难度，使世界各国缺少众多的对汉文化运用自如者，更缺少对中国千年文化和思维方式深谙其道者。

缺少洋汉学家，缺少洋翻译家。缺少书评人、艺评人，特别缺少洋书评人、艺评人等能把中国文化推向世界舞台的推手，是造成"中国文学在世界文学版图上仅有立锥之地"的原因之一。《新民晚报》的一篇报道说："瑞典2011年出版图书10 650种，其中中外文译作图书是2 907种，而中文译作图书只有2种，不到千分之一。这对于具有几千年历史，丰富多样的中国文学，显然是不公平的。难怪莫言获奖消息公布后，瑞典国家电视台在斯德哥尔摩大街上采访，百分之百的受访者都表示不知道莫言。"即使在中国，对于莫言得奖，许多人也露惊讶之色，大多数人不但不知道莫言是何许人，连他写了哪些著作都不知一二。

莫言获得诺奖后也曾流露：他写《生死疲劳》初稿只用了43天，但瑞典汉学家陈安娜翻译这本书却用了整整6年。一本书要翻译6年，只有两种情况：要么是这本书没有吸引力而引起翻译者"翻译疲劳"而拖拖拉拉；要么是实在太难，难以下咽，得了消化不良症。况且，这位汉学家的丈夫还是有作家和翻译家双重头衔的中国人万之。

洋人对中国文学的望而生畏，对中国作家的陌生，让我们失去了许多攀登国际舞台的机会：例如，1987—1988年诺贝尔文学奖的候选人中列有沈从文。当瑞典学院院士，诺贝尔文学奖终极评审委员会向中国学者瑞典大使"文化处"问起沈从文，这个最后有机会的候选人是否仍然在世时，得到的回答是"从来没听说过这个人"。——不幸，笼罩了沈从文整个一生！

1988年5月11日，沈从文去世。如果沈从文获奖，比莫言获奖整整提前了24年；如果沈从文获奖，之后莫言能否获奖还不好说。

类似中国文学界的"悲哀"，在中国建筑界同样有之。

对于建筑界而言，作为建筑工作者，同样深感由于"封建""封闭"，在世界上所造成的"空白"危机。中国的建筑史犹如文学史源远流长。中国古代建筑师、近代现代建筑师和一些伟大的建筑，如，宫殿、陵墓、衙署、佛寺、佛塔、道观、祀庙，还有文人园林、居家四合院，如此等等，在世界上，同样知者甚少。实际上，几千年来，中国早有一套完整的宫室、园林的营造监作体制：从民间匠人，官方将作少匠、大匠，直至工部尚书。中国历代建筑师层出不穷。

有帝王建筑师，如秦始皇，他亲自策划了阿房宫，巨大地下城——皇陵墓和长城。如曹操，他亲自策划了中国第一座按理性原则建造的都城——邺城；再如，武则天和唐玄宗的关于洛阳宫旧址上修建乾元殿之"拉锯战"。这都反映了，帝王将相直接插手建筑的营造活动。

有宫廷高级建筑师：如，隋朝的宇文恺，唐朝的阎立德、梁孝仁，元代的刘秉忠等。

有军人、军匠建筑师，如，秦朝的蒙括，西汉的杨城延等。

有民间建筑师，如，有巢氏、鲁班、李渔、计成等。

有文人建筑师，如，刘伶、陶渊明、苏轼、王维、白居易、张择端。有画师建筑师，如吕拙、刘文通等；

有佛僧建筑师，如，昙翼、圆满法师、僧祖印、怀丙等；

有留洋建筑师，如，梁思成、杨廷宝、刘敦桢、童寯等。

中国历代建筑师都有闪光的伟作和不朽的典籍，如《考工记》《雪宦绣谱》《营造法式》《长物志》《园冶》《髹饰录》《天工开物》《陶说》《景德镇陶录》《格古要论》《装潢志》《古玉图考》《绣谱》等等。

以《考工记》为例，《考工记》是我国战国春秋时期的建筑理论与工艺的经典文献，其记述了木工、金工、皮革、染色、刮磨、陶瓷6大类、30余个工种的制作工艺和检验方法，涉及数学、力学、声学、冶金学、建筑学等多方面的知识和经验。《考工记》比公元75年古罗马军事工程师维特鲁威（Marcus Vitruvius Pollio）所写的《建筑十书》要早几个世纪。但《建筑十书》在世界上却广泛流传，并有拉丁文、法文、英文、德文、日文等多国版本，而《考工记》的作者至今还在"不详"中。

同样，中国《木经》和《营造法式》又比西方意大利文艺复兴时期的建筑理论家阿尔贝蒂的《论建筑》也要早几个世纪。同样的经典建筑典籍，一个被"黑暗"笼罩，一个在阳光下灿烂。

更应该提及的是明代计成所著的《园冶》，这部世界上最早的关于造园艺术的著作，由于当时社会的种种原因，在中国国内几乎销声匿迹了近三百年，直至20世纪30年代才从日本传回中国。而与计成同一时代的法国著名建筑园林师安德烈·勒诺特尔（André Le Nòtre），为"太阳王"路易十四所设计的凡尔赛宫的法式园艺却名扬天下……

纵观上述现象的形成，有三种因素：

其一，中国几千年的封建社会所造成的故步自封，闭关自守，造成在世界上被看成神秘之国，落后之国而被世界所忽视。

其二，中国历代王朝对"匠人"即建筑师的轻视和对建筑文化的偏见，使大量工艺和建筑师理论流失。

其三，缺少推手，即懂外国文化的中国推手和懂中国文化的洋推手。

改革开放以来，由于我国的经济和科技腾飞，"中国造"的面孔已在世界上从模糊到清晰，从质疑到认可。洋人开始注重中国，莫言、王澍的获奖就证明了这一点。但这远远不够，中国在文化艺术、建筑艺术的输入、输出都远远不及中国在经济、科技、军事的输入、输出。所以，国人首先要对千年中国文化有自信，自信才能自强，自信自强才能面向世界推广。我们要更大地敞开国门，放飞中国文化。不仅要在世界各地办"少林寺"、"孔子学院"，还应办老子学院、易经学院，甚至孙子兵法学院。要参加和举办各种中国文化展馆，让中国文人、中国艺人和中国建筑师有更多的"宣讲"和"展示"的舞台，国家应该成为中国文化走向世界最强劲的推手。

普利兹克先生在人民大会堂给王澍颁发普利兹克建筑奖时说过："中国已经成为世界建筑领域最具竞争力的市场和建筑发展的试验场。"这是句既褒奖又具讽刺意味的话。我们希望国家和项目投资人，把"建筑发展的试验场"，多给中国建筑师提供些

"试验"机会，而不要总把眼光停留在美国、英国、法国，日本等国的建筑师身上。

我们召唤推手，走向世界的希望之手。

普利兹克奖就是普利兹克奖

有的人或有的媒体，总喜欢高捧、高攀某些世界奖项。比如，把世界建筑界的普利兹克奖，比喻为"建筑界的诺贝尔奖"；比如，把体育界的劳伦斯奖称之为"体坛的奥斯卡奖"；甚至"上海中心"获美国绿色建筑认证委员会的LEED－CS白金级认证，也被抬举为获得建筑"奥斯卡奖"，等等。其原因可能是诺贝尔奖和奥斯卡奖历史悠久，名气更大，而普利兹克奖知者甚少。或者，有人希望普利兹克建筑奖如果能和诺贝尔奖攀上亲戚，就可以与诺奖平起平坐，或者沾上诺贝尔奖的一些余晖。其不知，奖项与奖项之间的重大差异，奖项与奖项之间奖励的科目、范围、内容、方向的不同，才各自为主而无法"合并同类项"。所以，如果把某些冷门的奖项硬往比较热门的奖项上靠，那就是高攀，甚至是吹嘘吹捧。请看下表诺贝尔文学奖与普利兹克建筑奖的差异。

诺贝尔奖与普利兹克奖对照表

项目	诺贝尔奖	普利兹克奖
成立年月	1900年6月	1979年
创建人	由瑞典著名化学家,硝化甘油炸药的发明人阿尔弗雷德·贝恩哈德·诺贝尔的部分遗产(3100万瑞典克朗)作为基金而创立	由普利兹克家族的杰伊·普利兹克和他的妻子辛蒂发起,凯悦基金会赞助而创立
奖项范围	世界范围内,在化学、物理学、医学、文学、和平和经济学六项奖	世界性建筑单项奖
评奖年月	每年一次	每年一次
获奖资格	在6种学术活动中为人类作出重大贡献的人	在建筑设计创作中表现出才智,洞察力和献身精神并通过建筑艺术为人类及人工环境方面,作出杰出贡献的在世建筑师
奖金	重270克以上的金质奖章一枚,获奖证书和100万美元以上的奖金	铜质奖章、获奖证书及10万美元的奖金

　　看了这张对比表,你还有没有勇气,再说"普利兹克奖是建筑界的诺贝尔奖"。况且,诺贝尔奖中并没有设置建筑学这一奖项。

诺贝尔奖与普利兹克奖的重大差异，还表现在获奖"效应"上。从莫言获取诺贝尔文学奖和王澍获取普利兹克奖的社会反响看，就存在着重大落差：莫言获奖后在全国上下引起了轩然大波，而王澍获奖犹如春风吹过河面引起的浅浅波纹。

　　且看莫言：《新民晚报》2012年10月19日"焦点"栏目中，写道：获得诺贝尔文学奖的第二天，莫言就在接受记者采访时说，希望"莫言热"早点过去。不过，就目前的情况来看，他似乎很难如愿。"莫言热"已经从文学出版转向了多个领域，暂无消退迹象。昨天一则莫言家乡欲斥资6.7亿元建红高粱文化旅游带的消息，使"莫言热"急剧升温。

　　对莫言作品改编开价超千万元："万亩红高粱"也许只是意向，但"莫言热"确实已经实实在在地波及影视圈和网络销售等多个方面；2015年5月与莫言签下全版权的北京精典博维文化发展有限公司，已炙手可热，短短8天时间就已有三十多家影视公司上门询问，争夺莫言作品的改编权，有些开价已经超过千万元，这在国内是最顶尖的水平了。除了莫言作品的签名本，网店上还出现了很多以"莫言"为噱头的衍生产品，比如印有莫言头像的T恤、杯子和扇面。更让人叹为观止的是，一些衣服、皮包和鞋子，也打上了"莫言同款"的推销字样。一件售价为348元的羊毛料男式外套，不仅注明"莫言同款"，还附上了莫言在出席某次会议时的照片，莫言显然是"被代言"了。一些出售高密小米、馒头等土特产的店家也打出了"莫言家乡"的招牌。不仅如此，据新《京报》报道，莫言老家所属的高密市胶河疏港园区管委会拟订开辟以高粱文化为主题，打造半岛特色旅游带，旅游带包括莫言旧居周围的莫言文化体验区、红高粱文化休闲区、爱国主义教育基地等项目。下面是2012年11月2日《新民晚报》《今日论坛》几段话："莫言火了，没有火了中国文学，却火了'莫言醉'的酒标，火了当地早已不种了的红高粱，火了高密街上的火烧、饺子和山药，更火了莫言家的五间土房，尤其是小院中那一片葱郁的胡萝卜。凹凸不平的小院，已被踩得光溜，而那一片胡萝卜，其实还是一圃秧苗，更已经被南来北往的游客拔了个精光。萝卜秧拔去干什么？要做成萝卜干，也要等它长成才行呀？但愣是要拔个精光，要把这萝卜秧或移栽自家或精心收藏或者就是供起来……"

莫言获奖，随即成了名人，有人肯定莫言的家乡是浩然"生气"之地、"龙飞"之地。所以高密来了群高人——叫作"周易研究会"的组织，浩浩荡荡地开进了莫言故里。来干什么呢？
"开展莫言故居风水考察"。他们想要靠风水一类来"力证"他
的"必然性"以及无限的玄机呢？这就莫若以明，看不懂了——
但是有一点可以肯定，那就是"大师"们浩荡开进高密之时，舆
论喧嚣之间，已经期待他们"一举考出"半世纪前莫言呱呱落地
时，屋顶上那一朵祥云的飘绕……

　　但，在王澍获得世界普利兹克建筑大奖后，都没有在建筑
界，更没有在国内引发类似于"莫言热"的"王澍热"。

　　王澍在2012年2月荣获2012年世界普利兹克大奖，第二天，
《新民晚报》在"文娱新闻"版报道了这位中国美院建筑院院长
49岁的建筑师获奖消息，称这是"中国设计师的荣耀"。之后，
并没有在建筑界，更没有在其他各行各业中兴起"王澍热"。王
澍在获奖后说："这真是个巨大的惊喜，获得这个奖对我来说实
在是太荣幸了。"王澍虽然获奖了，但王澍自己也承认，在中国
建筑圈内，知其者甚少。为了让人们让成千上万的中国建筑师了
解王澍，同济大学出版社出版了《王澍建筑地图》精美小书，对
王澍的历年作品、历年获奖情况以及作品地点提供了参观路线。

　　王澍获奖于2012年年初，而莫言获奖于2012年年底，虽同一

年得奖，但受到的追捧的热度完全不一样。从这一点来看，有人把普利兹克奖追捧为"建筑界的诺贝尔奖"，除了是一种自卑心态的表现外，实在是有损于普利兹克建筑大奖的尊严。

普利兹克奖在世界建筑领域，在建筑界有至高无上的荣誉。之所以"诺贝尔奖"中没设建筑奖，正是因为建筑业太大了，它几乎涵盖了科技、文学、音乐、艺术、天文地理等众多学科，如果诺贝尔奖设了建筑奖，那么诺贝尔的3100万瑞士法郎的银行利息，全部给了建筑奖还不够呢。王澍获奖，结束了国外、国内某些专家学者对中国建筑和建筑师的"偏见"，结束了日本建筑师在亚洲对普利兹克奖的垄断。正如普利兹克建筑奖评委会主席帕伦博勋爵评价：

"讨论过去与现在之间的适当关系是一个当今关键的问题，因为中国当今的城市化进程正在引发一场关于建筑应当基于传统还是只应面向未来的讨论。正如所有伟大的建筑一样，王澍的作品能够超越争论，并演化成扎根于其历史背景、永不过时甚至具世界性的建筑。"

伟大的建筑师！这是多么崇高的称号。所以，普利兹克奖就是普利兹克奖！

谁之过

——也谈建筑 "追高大求怪异" 的因果

2013年5月23日，《国家艺术》杂志发表了一篇题为 "当心建筑成为无人理解的'孤独英雄'——设计就怕宏大过头" 的文章。

文章言道 "大中城市里高楼疯起，大有与苍天试比高的冲动豪赌；不但比高还比庞大，你跨度100米，我明天就超150米，大有跨不惊人死不休之势，似乎建筑高度惊耸，跨度越狂野就越威猛阳刚；还有比怪的，你是鸟巢，我是巨蛋，你是大裤衩，我就是一条秋裤，可谓遍地'英雄'喝大风。" 文章把这种潮流认定为英雄主义 "大比拼"，并一锤定音："这种现象与现实的需求和土地关系其实都不大，深藏到设计师心中的'英雄心态'才是真正的发动机。" 文章最后没忘了对设计师们提出忠告："所以，当英雄主义过头时，请设计师们别忘了'勒住自我'"。《国家艺术》杂志的这篇文章，把当今世界上的《建筑帝国》中

"追高大求怪异"之风的责任完全推给了建筑师。是无知，还是有意在为真正的"元凶"推卸责任？而且，文章中并没明示，这种现象是中国建筑师所为，还是国外洋建筑师所为。中国建筑师当然没这个胆，也没这个本事。但既是洋建筑师，包括文章中提到的贝聿铭、安藤忠雄、玛丽奥博塔、丹下健三，可能也没有这么大的财力、这么大的权力去表现他的"英雄心态"。

谁都知道，建筑设计师仅仅是一名雇员，一名受聘者，或者依照各国政府或投资人发布的项目招投标与邀标任务书去"应试的考生"。所以，设计师并不是主角，那么谁唱主角呢？谁又应该为当前建筑界兴起的追高大求怪异之风来承担责任呢？其实，答案，文章的作者早已心知肚明。但《国家艺术》杂志社的作者不知出于无知，还是出于何种动机，却去转移视线嫁祸于人。那么，你们不敢说，或有意不说，我先道出一二来：

首先，应该是城市甚至国家主管部门的头头脑脑。特别在我国政府部门掌握着建筑项目立项、审批大权的官员。在我国，"领导决定一切"并不是一句空穴来风。尽管进行了投标，专家评审，但一些有影响的项目，最终还是靠领导拍板而一锤定音。这里，我举一个早在毛泽东时代的例子：在同济大学教授阮仪

三《护城纪实》一书中，有一篇"北京古城的建设性破坏"的文章。其中提到1958年北京为了开辟环路交通，要拆除北京城墙。这座城墙始建于元代，后来经过明、清、两代的不断修葺，是国内最雄伟、最具历史风貌的城墙，也是北京古老历史的重要象征。许多专家学者都反对拆除，一时争议不下。最后，只得去请示党和国家的最高领导毛主席。毛主席说：现在我们不拆，下一代会拆的。他的意见非常明确，下面的领导深刻领会一哄而上，很快把北京城墙拆光了。

今天，如果我们"追查"一下"鸟巢""水煮蛋""大裤衩"等这类国家级项目，不也是领导拍板的吗？尽管"鸟巢"体育馆、"水上明珠"国家大剧院遭到专家，院士等有影响的建筑学者的"不科学、不合理、不经济"和"无视中国传统文化"的质疑，甚至七名建筑院士联名上书中央，但，有用吗？

"领导说了算"这现象不仅仅发生在中国，外国也有之：早在1981年法国总统费索朗瓦·密特朗在提出"大卢浮宫"计划时，决定聘请美国华裔建筑师贝聿铭来整修卢浮宫，他冒着失去总统宝座的风险，力挺贝聿铭那个被巴黎人称之"死亡标志"的玻璃金字塔方案，而置百分之九十以上的巴黎人民反对而不顾。当时，玻璃金字塔也称得上"怪异"建筑了。

同意建造高大怪异项目的政府官员和资助人，要的是这高大怪异建筑所带来的成就感和荣耀感：西班牙加利西亚地区的文化部长，号称他最大的渴望，是能够拉一把椅子坐在山顶，看着"他的"：彼得·艾森曼设计的"文化城市"（City of Culture），逐渐地从地面上升起。

除了政府要员外，还有开发商或项目投资人，他们对开发项目的规模、功能与风格同样具有"生杀"大权。建筑师的本事，仅仅是绞尽脑汁去捉摸、领会、吃透他们的意图，努力去表达他们的要求、想法和意愿。如果说投其所好是建筑的看家本领，我很认可。在我的脑海里，对"指鹿为马"这句成语印象特别深刻，说穿了，这句成语就是"溜须拍马"之意。我还一直记得一个昧着良心，给店主的店堂墙上画"黄月亮"的一个国外画家。店主认为，月亮是黄色的，而画家坚持月亮是白色的。但这个画家如果不按店主的意愿画黄月亮，就得失去这份工作而挨饿……

在《安藤忠雄论建筑》一书中，他谈到他在所设计的"稻盛会馆"中，采用鸡蛋制造的"卵"形会堂的过程：最初是以"中之岛城市之卵"的构思，对已有80年历史的原中之岛会堂改扩建，并以"针对历史性建筑物的保留和再生"课题提出的方案：即在原建筑物上放个鸡蛋，以示"再生"理念。但这一方案遭到地方政府和市里的反对。但，当时任京都陶瓷公司名誉会长的稻盛和夫先生提出"将这个'鸡蛋'让给我吧"，同时，稻盛和夫先生又加了一句"我不能要有裂纹的鸡蛋"，按言之，你，安藤忠雄必须给我设计个"无缝鸡蛋"。为了这只无缝鸡蛋，安藤忠雄下了很大功夫，最终使他的"城市之卵"的理念才得以实现。所以，如果没有稻盛和夫这位财主接手，安藤忠雄哪怕有再好的理念，再怪的奇思妙想也难以实现。

最近，网上传出日本首相安培晋三于2015年10月17日宣布废除由普利兹克建筑奖获得者，伊拉克籍美国女建筑师扎哈·哈迪德通过国际招标，摘得的2020年东京奥运会主场馆的设计方案。原因一是风格过于前卫、形象过于怪诞，有人说像一个骑单车车手的头盔，也有人说"方案好比一只等待日本沉没以便游走的乌龟"；二是面积过大、结构复杂、造价过于昂贵，总造价高达

2520亿日元。这足以说明，即使建筑师再"勒不住自我"，决定权还是掌握在首相手中。

当然，不可否认，不论是投其所好也好，金钱世界的引诱和英雄心态也罢，正如彼得艾森曼2010年在爱丁堡为建筑师们所做的一次讲座中承认："和所有人一样，我也想有活干，我不够固执，我希望你们都能原谅我进入了不该进入的商业世界！现代主义的说辞渐渐地变成了资本主义的说辞。"所以，当建筑师有生存危机时，或有出人头地的机会时，很容易失去自我。

英国建筑师迈尔斯·格伦迪宁在《迷失建筑帝国》一书中指明，继现代主义后出现的"新现代主义"追求个性化奇观式的设计，其根源并不是贪婪的表现形式。他指出："新现代主义领导人物，那些'明星设计师们'这些人不是迷失良知疯狂地赚钱，而是建筑设计的传统愿望：一种把世界建设得更美的同时，在这美丽的世界中留下自己名字的渴望。"这才是对新现代主义条件下产生的"追高大，求怪异"的建筑师比较中肯的评价。这种渴望与"英雄主义大比拼""英雄主义过头"和"勒不住自我"决不能混为一谈。

当然，我还可以列举更多的例子。

对于《国家艺术》杂志的"当英雄主义过头时，请设计师们别忘了'勒住自我'"的这种观点，很可能受到一位'狂妄'的自以为对的国外建筑师观点的影响：

1985年，在美国弗吉尼亚建筑学院召开的一场高层建筑讨论会上，一个奥地利建筑师罗伯·克里尔说："身为一个艺术家或建筑师，你们是唯一可判断的人，也是负责的人。在替业主设计了很多高层建筑后，你们却说：'这不是我的错，我也是替别人做事。'我想把你们弄到监狱里去，因为你们很清楚自己在做错事！你们不只是在建造巨兽，也制造了现代建筑的轻率。"多么狂妄和带有"威胁"的言辞。实际上，在现代城市发展中，这些"巨兽"，不但没有因为他对建筑师的责难而"勒紧自我"，相反"巨兽"还在更"巨兽"着。退一步讲，把迎合政府和开发商的建筑师送进监狱，对于建筑师的后台，掌权的官员、开发商是不是应该拉出来立地枪决呢。

那么，当前出现的类似于"秋裤""裤衩"之类的所谓"怪"建筑又怎么去解释呢？谈到"怪"，不仅在我国，在全世界都出现过形状弯曲的抽象建筑：有貌似失去稳定的解构主义建筑；有像蝶、像蛋、像巢，像花，像叶的仿生建筑；也有像鼓、像帆、像瓶、像月的仿物建筑；乃至有像人的福禄寿神仙形象的建筑，可谓怪胎百出。这是好事还是坏事？这是不是建筑师的"英雄心态"下"一鸣惊人"的作品？事实也并非如此。一位南京建筑设计专家黄伟康，曾质疑自己带出来的学生作品为何"大失水准"，结果学生倾诉苦衷："甲方非要改成这样子。"他的结论是："长官表态，开发商、投资人的意愿，一旦介入建筑创作和营建中来，不仅是对建筑设计的逾越，对建筑规律的背叛，也开启并助长了建筑领域的乱象。"

2013年5月3日，《国家艺术》杂志发表的一篇文章中还有一个错误的观点："当前，这种求高大，追怪异的现象其实与现实的需求和土地关系不大。"我说，关系太大了。

可以肯定地回答，在我国"追高大求怪异"现象的出现，除了政府好大喜功，投资人对荣耀的追求外，城市的高速发展，高度扩容和城市居民的高度需求密不可分。在这一强大的需求背景下，政府和投资人才有条件，有借口，有能力去实现"追高大求怪异"的梦想。才能实现"国际大都市"的目标。但城市的容量是有限度的，当人们纷纷向大城市集中，纷纷向市中心集中，土地，土地这不可再生的资源就越来越珍贵，这就是人们对香港、上海、北京、深圳等国际大都市土地昂贵的程度，往往用"寸土寸金"来形容的原因。在折旧新建土地、闲置土地越来越紧俏的城市里，在人口爆炸性的增加的世界上，建筑向天上向地下要面积，是节省地资源的必由之路。不仅如此，人们还把目光瞄准了海洋：如1960年丹下健三制定的"东京湾现拟方案"，就充分展现了开拓海上城市的理念，把生活居住区与城市服务机构设在5至8米深的海底；20世纪70年代，美国建筑师高勒设想的飘浮海上城市；等等。由于地球日趋饱和，人类对地球的生存环境也越来越失望，所以人类已经开始向宇宙进军，以开发其他适合人类居住的需求的星球。所有这一切，难道不是促使建筑求高大追怪异的重要原因吗？

2013年，当我们讨论这个话题后，上海"后世博"的开发，2015年10月26日传来"世博央企总部28栋大厦上午结构封顶"的"捷报"。世博园区B片位于一轴四馆西侧，规划用地18.72公顷，地下建筑面积45万平方米，地上总建筑面积达60万平方米，集央企总部商务集聚区28栋高层，超高层总部大楼相继封顶。其中包括中国高铁、宝钢、国家电网、华电、华能、中信、中建材、中国铝业、中国黄金、招商、中化、中外运、国新等15家企业的总部大楼。

2013年，当我们讨论这个话题后，2015年10月发布的"预测10年后的北京国贸核心区"将有19座超高层建筑拔地而起。北京国贸核心区在CCTV南面，东三环道路两侧，将包括：中国投资、中国中信集团、香港上海江丰等机构，包括三金生命保险株式会社，正大集团等三家世界500强企业和知名跨国公司等引进90余家企业入驻。北京国贸核心区建成后将新增8万～10万人。我们数一数，这里将要建多少高大怪异的建筑：230米高中国最高的大学建筑和清华美院新校区44层220米高，总建筑面积13万平方米；将成为阳光保险新总部57层260米高的公共大楼，将成为三星中国新总部，总建筑面积19万平方米，54层253米高的办公大楼；将成为民生银行新总部；405米高的北京第二高楼；地上19万平方米，将成为汇丰和远洋的新总部；高度360米的中信和北大方正总部大楼；以及地上45层，216米高，以中国古代玉器琮为造型的泰康人寿新总部……

真是大有"欲与天公试比高"，一楼更比一楼高的雄心壮志。

谁之过？

当你看到一件华贵珍奇的物品时，你花了大价钱买下了它。后来，有人说不值，而遭到不少人的讥讽，你有些后悔。那么你应该指骂那件华贵珍品的设计者制造者呢？还是应该忏悔自己勒不住自我，勒不住欲望和引诱，勒不住钱袋子呢？

谁之过？该明白了吧。

金山般的静安寺

　　静安寺的寺前有威震四方的金色阿育王柱，寺后有"弧高耸天宫"的金佛塔，寺中有振翅欲飞的金色佛殿……静安寺犹如漂浮在人山人海上的一座金山，与周边林立的闪着日光、月光、灯光的高楼大厦和名贵奢华的商场为伍，真是相映成辉，热闹非凡。

　　我每每来到静安寺，总忍不住拿出相机，在晴天，在雨天，在"雾霾"天；在黎明，在午时，在夜晚，从不同角度，不同高度，不同距离拍下它那金色的倩影。我喜欢这金山般的静安寺。

　　但，不少人存有异议，异议集中在以下几个方面：

　　有人认为，静安寺"商气"过浓过重，充满了铜臭味。你看，静安寺院除正面山门，钟楼鼓楼之外，其他三面的寺院建筑都被金店、皮具店、服装店，素斋馆等店铺租用合围。甚至，在今年中秋节时期，在寺内法堂殿的底层，还开设了"静安净素月饼加工厂"，在寺院周围，甚至在钟楼底层"涌泉井"处，在"般若"门内，设置多达五处的静安净素月饼销售处。

有人认为，静安寺院过于"拥挤"，真有"螺蛳壳"里做道场的意境。在静安寺的改扩建工程中，耗费十几年的时间，大动土木，把佛寺修建的如此塔上塔，殿上殿，阁上阁，楼上楼，建筑面积几乎增加了几十倍，把佛寺堆砌得如此"拥挤"，是否佛门也沾染了房地产开发商追求高容积率，高密度的通病？是不是佛门也有贪念，也想做高、做大、做强？

有人追问，耗用大量做功德人的钱财，用大量黄金来装饰佛塔、吼狮柱、佛殿大屋顶和佛陀，是否佛也有追求奢华之心和拜金之念？

甚至有人惋惜地说，把一座青砖黛瓦朴实无华的老静安寺院改建成一座金山般的静安寺，真不如像真如寺那样，保留一点素雅净土，保留一点"山寺野僧"的味道，在珠光宝气奢华无度的世风中，给疲于奔命的人们，吹拂一些清新醒世的佛气，让众生烦躁之心得以片刻安宁以放慢追逐名利的步频，那该有多好。

在静安寺院西北角斜对面，有座旧上海就闻名的百乐门舞厅，镇江一位古建专家王亚南先生，形象地把当今静安寺形容为佛家百乐门……

　　带有同样的疑问，我和刘天华、周昌年二位老弟于2015年元旦，来到上海真如寺，拜见真如寺已退位的住持，曾为静安寺方丈慧明法师的老师妙真法师。在与妙真法师恳谈过程中，刘教授小心翼翼地问道：如果把静安寺建成真如寺这般朴素无华的寺院，岂不另有一番佛门无尘的世外桃源景象？妙真法师虽已高寿，但耳聪目明，他听出了刘教授的弦外之音，严肃地答道：有句话叫环境造时势，时势造英雄。静安寺地区的环境和真如寺所处的环境截然不同，静安寺历来就是上海繁华之地，在这寸土寸金的环境中，只有金色的静安寺才能与之相匹配，与之相融合。更何况，作为密坛的静安寺，再怎么华丽显贵都不为过。

　　刘天华是妙真法师的老朋友，都是几届的上海政协委员，在真如寺改扩建过程中出过力，他常以"半个和尚"自居。我和昌年也经常随天华进寺礼拜，给真如寺改扩建出过点子，有时还和小和尚打打乒乓球，到斋房去吃吃素斋，时间长了也成了妙真法师的朋友。所以，妙真法师在我们面前讲话很坦率："论三位对佛理的认知，别人可以惑而你们可以不惑。有些疑问，相信你们会弄明白的。千万不要以盲导盲。"

带着妙真法师的"环境说"和不要"以盲导盲"的指点。我才静下心来，比较客观地写了"金色静安寺"一组颇费精力的文章。

金色静安寺彰显密教本色

静安寺院装饰得如此金碧闪光乃佛之所需，黄金即佛，佛即黄金也。

普天之下的各门各派的宗教都喻黄金为神的化身，这是有很深的文化渊源的：人类在远古时代，就对太阳充满了狂热的崇拜，太阳给人类带来光明，带来生命。他们认为，黄金和太阳一样散发着神秘光芒，黄金就是太阳的化身。人类崇拜黄金的历史比崇拜上帝的历史更悠久。黄金，在拉丁文中意为"光辉灿烂的黎明"；在古埃及，把黄金作为太阳神的象征；在古罗马，黄金成了黎明女神的名字。

所以，不论是古埃及人、古印度人、古中国人、古罗马人、古希腊人、古玛雅人都选择了黄金为崇拜的对象，他们用黄金塑造神像，用黄金塑造宫殿和神殿。所以，提倡节制欲望的各种宗教，反而用昂贵的黄金来表达本宗教的纯洁、正统和神圣，这是出于宗教自身的需求。

5 000年前，古埃及的法老集神权与皇权为一身，他不仅是古埃及的最高统治者，还是神庙的最高祭司。当时，黄金被看作神的肉身，无论生前死后都竭尽所能把黄金装饰在自己身上，如纯金护胸罩衣，纯金护身符，并自誉为神的化身，会像太阳那样永生；罗马天主教皇拥有数不尽的金银财宝，黄金十字架，圣餐金杯，用700多千克黄金铸就耶稣雕像和米兰大教堂中央塔顶上的纯金圣母玛利亚雕像，甚至一扇教堂大门都不惜用3 900多片黄金片来镶饰；《圣经》中的"黄金约柜"被以色列人视为护身符和胜利的象征；连伊斯兰教的哈兰清真寺的门上都镶满了金银珠宝……

所以，在人世间，在宗教界，都对黄金充满了"狂热的追求和狂热的崇拜"，佛教也不例外。在佛教中，黄金被赋予"真常不变、纯净无染、无碍通达、富贵长久"的特殊意义。佛典、佛身也常用"妙色身，金色身"来形容。佛像，袈裟，挂账、灵符、佛器等都用金色饰之，贯以"佛要金装"才具灵气。因此，佛才有"真金不怕火炼"一说。在《阿弥陀经》中所描述的金、

银、琉璃、玻璃、砗磲、珊瑚、玛瑙佛家七宝中，黄金名列七宝
之首。

在佛教的小乘、大乘和金刚乘三大教派中，用金量以金刚乘
（密宗教）为最，密宗所建的灵塔、佛像、经文、坛城、宝座乃
至各种佛品用具，都用黄金饰之。这就是为什么把静安寺这座密
宗教寺建成如此金碧辉煌的原因。

是佛随人愿还是人随佛愿？人与佛，佛与人，都喜欢披金挂
银。现代人戴金挂银除艺术人生和彰显华贵外，犹如佛光在身菩
萨保佑，驱凶辟邪吉祥吉利。金乃佛之所需，人之所爱。人们拜
佛，为佛筹集天下金银，心甘情愿。但寺庙建设就像房地产开发
一样，也应该量力而行。不考虑"经济实力"而过度追金，也不
该是佛的本意，而是"人"的本意。例如金色静安寺，如果在外

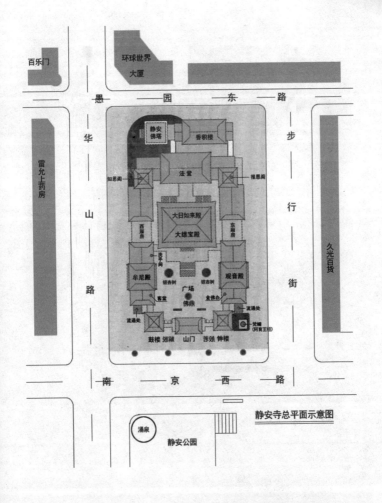

静安寺总平面示意图

观上能"突出重点"，仅仅对佛塔、大雄宝殿和梵幢予以金装，其他配殿，包括山门、钟楼、鼓楼、都以黛瓦或琉璃瓦为顶，不仅能节省大量金子，还可能使静安寺的金装形象更具艺术性，也不至于使静安寺因资金不足而继续延伸着建设周期。

大雄宝殿

金色静安寺中的大雄宝殿，是静安寺院的中心和最为重要的佛殿。大殿广场前方是二层的山门，山门底层是四大金刚殿，二层为弥勒殿。大雄宝殿后方是法堂殿。其东偏殿是"南无大慈观世音菩萨"佛殿，西偏殿是"南无本师释迦牟尼佛"佛殿。山门、偏殿与大雄宝殿之间是静安寺院中唯一具有较大开阔空间的礼佛广场，广场中央立有"静安佛鼎""祈福如意香"请香处和两处焚香处。在大雄宝殿西侧各植一棵银杏树。

大雄宝殿屋顶采用宋代殿堂建筑中等级最高最尊的重檐庑殿，其屋顶覆以琉金铜瓦。大雄宝殿总高26.71米，总建筑面积2 753平方米，地上二层，地下一层。

纵观金色静安寺的大雄宝殿有许多"创新"之处。

　　创新之一，其地下一层建筑面积1049平方米，功能为"藏经库"。我合计着，由于静安寺院最北面的香积楼，有几层被用于素斋馆，不能像其他佛院那样作为藏经楼使用，而大雄宝殿是新建建筑，就像现代楼盘开发向地下要面积一样，大雄宝殿也以建造地下室来扩大其使用面积，并用作藏经库。

　　创新之二，把须弥台抬高且架空。此架空层为地上一层，面积1049平方米，主要供讲经和大型法务活动使用。把须弥台加高架空可能出于两方面考虑：一是因为静安寺用地紧张，架空有利于增加建筑面积，以满足密教的功能需求；二是静安寺西侧僧房和后面的香积楼层高都在3、4、5层，静安寺塔则高达63米，所以抬高大雄宝殿的高度，也是为了满足总体建筑空间的和谐性。但在我国佛寺中，大雄宝殿的须弥台大都是实体的，为的是接地气。所以，把大雄宝殿架空应属创新之举。

"须弥"二字在佛教中的意思是"位于世界中心的最高之山"，所以金色静安寺把大雄宝殿之须弥台加高，等于使大殿位于更高的山顶之上。金色静安寺须弥台高达5米开外，所以大雄宝殿才有26.71米的可观高度。佛徒和礼佛人士要上39步台阶才能到达大殿，更能彰显大日如来佛的至高无上。

迄止2015年中秋，大雄宝殿内除大日如来主佛就位外，在其右侧仅有一尊韦驮护法神，左侧还缺一尊。大日如来佛身后面是三块大型浮雕玉石壁，其由各色优质天然玉石雕刻而成，分别讲述主尊佛、药师佛、三世佛成道和涅槃的事迹。

引人注目的是在大雄宝殿二层的汉白玉勾栏的四角，又见到六根阿育王吼狮柱。阿育王柱出现在大雄宝殿须弥台上，显得不太协调，而且无助于大雄宝殿的庄严。有的佛门珍品可以重复在寺院中出现，如汉白玉围栏、佛教图案等，有的庄重的佛门珍品，重复出现，就不能显其珍贵和唯一。作为梵幢，已经在金色静安寺的东南角有其宝位，就不应该再出现在大雄宝殿上。这也是"物以稀为贵"的原由吧。

还有应该提及的是，任何佛殿、偏殿、僧房、藏经楼，对内部空间的高度，平面大小都应该"按需设计，按需分配"，即，哪个殿应该放哪几尊菩萨，还应留有既充俗又聚气的众生礼佛，僧人颂经空间，以张弛适度为好。空间小了，缺少气势；空间大了，空荡而难聚仙气。金色静安寺的大雄宝殿和法堂殿就给人一种空荡的感觉。尽管从改建静安寺已近十几个年头。造成如今空旷的原因，很可能是因为修建资金缺位而引起的。

有句话叫"表里如一"。今日之静安寺的外表，已达到富丽堂皇的金色静安寺目标，但寺内，殿内，还没有完全配套，还有许多佛要塑，许多金要贴。所以，要营造出与金色静安寺外表相适应的礼拜氛围还有一段路要走。

静安寺梵幢

位于金色静安寺寺院东南角的"梵幢"，即"正法永住"梵幢，又称阿育王柱或阿育王吼狮柱，属寺院的吉祥物之一。

梵幢，即把佛经刻在石柱上的标志体，梵幢之所以称"阿育王石柱"。相传，阿育王柱是印度孔雀王朝时期，争战杀戮一生，而又突然放下屠刀皈依佛门的统治者阿育王，其为分藏佛陀舍利，弘扬佛法而立的石柱，并因此而得名。汉语成语中"放下屠刀立地成佛"亦由此而来。还因为，这种石柱出土于印度阿育王朝时期的印度北方邦瓦拉那西的鹿野苑，而此地正是佛祖释迦牟尼成佛后，第一次说法的地方。所以，在印度出土的众多石柱中，阿育王石柱最负盛名。出土的阿育王石柱高15米，柱头已断落，柱身上刻着禁止破僧的婆罗谜字体铭文。石柱以狮子形象作柱顶。四只狮子身连一体，面东南西北各一方，分别站在中间层的一个宝轮上，宝轮象征着佛陀在此地"初转法轮"。轮与轮之间有象、马、牛、虎四兽浮雕，柱头下层是钟形倒垂莲花。整个柱头显得华丽而雄劲，玄奘曾形容阿育王柱"石含玉润，鉴照映彻"。

　　我国，刻佛经于石窟中，山谷中，乃至石柱上，始于北魏末年，盛于北朝末年，刻经于石上，可以永久得存。

　　静安寺"正法永住"梵幢，地面以上总高23米，是用整块花岗石雕凿而成，石柱高18米，直径2.1米，重160吨。其选用河北省易县狼牙山的整块花岗岩石制成，于2006年7月17日用大型平板车运至静安寺，历时8天，行程1500余公里，可见工程之浩大。

梵幢正面刻有静安寺主持慧明法师直书"正法永住"四个大字，背面刻有宋苏轼所书《金刚经》一部。石柱上部为16吨镍白铜浇铸，表面贴金，代表佛陀说法之四面吼狮像，高约5米。其四面各一法轮，表示法轮常转，佛法向四面传扬。四个法轮衔接处，分别有狮、马、象、牛四种动物，代表东南西北四方。梵幢基座为5米见方汉白玉围栏，选用北京房山汉白玉石材，围栏上刻着佛陀出生、说法的故事。围栏四角各立有体形纤细的小阿育王吼狮柱，高2.6米，每面围栏还立有小石狮各两只。总观静安寺梵幢，有大型涂纯金吼狮四只，小型涂金吼狮16只，加上栏板上小石狮8只，共有狮子24只，组成了强大的狮群。狮子乃百兽之王，而且形象庄严、吼声宏远，威风八面，常用于牌楼前、山门前，佛鼎上，乃至阿育王石柱上。它是佛家用于护法弘法的主要吉祥物之一。

记得老静安寺，就有一尊花岗岩阿育王柱，置于由方形石栏围合的"天下第六泉"之东面。此柱于1946年建造，柱径0.6米，高13.9米。直到1966年9月"文化大革命"中被毁，涌泉也被填没。现在的金色静安寺的吼狮柱直径是原柱的3.5倍，高度的1.65倍。所以，现在的阿育王柱显得更为粗壮坚实，使柱顶上的四只16吨重的大金狮，具有强有力的"支撑"。

对于金色静安寺梵幢，本人以为，梵幢基座四角上的小阿育王柱纯属"画蛇添足"。从艺术效果上，对梵幢形象反而有所"削弱"，使人注意力"分散"，影响了主梵幢的高大壮丽形象。更让人看不懂的是，在寺内的大雄宝殿基座上前后还立有六根小阿育王柱，让人厌其多。建筑艺术上有"少则多""多则杂"的追求和忌讳。对于佛门的重要吉祥物而言，更不能反复运用，就像同一寺院中不容出现二尊完全相同的主佛和菩萨一样。

我很欣赏金色静安寺的梵幢，那高大而壮观的形象，为金色静安寺和静安寺地区，增添了无比动人的光彩。

静安寺佛塔

金色静安佛塔位于寺院西北角，隔华山路与百乐门舞厅成掎角之势。静安佛塔占地85平方米，建筑面积739平方米，总高63米，属高层建筑物。

金刚宝座塔

阁楼式方塔

　　总高63米的静安佛塔，是一座由"下塔"和"上塔"两部分叠加组合的"塔上塔"，形象独特。其"下塔"是一座七层高具有汉风的阁楼式方塔。方塔顶上的"上塔"，据说是以印度菩提伽耶佛陀成道处佛塔为蓝本设计的，但据我查证，从塔形来看完全不是这么回事。上塔全称是"金刚宝座塔"，其由塔刹基座和五座密檐式尖塔构成，主要供奉着炉生舍利、佛家七宝及用纯金打造的佛鼎。塔刹基座四周，分别饰有菩萨坐骑与卍字云纹等精美浮雕，还雕有868尊佛像、菩萨像、十八罗汉像、四大天王像等。五座佛塔中，中间一座高24米，13层，代表大日如来佛。四隅小塔高9米，14层，分别代表东佛阿閦如来，南佛宝生如来，西佛阿弥陀如来，北佛不空成就如来。

金刚宝座塔，包括莲花座及围栏，全部由100多吨的铜整体浇铸表面贴金而成。所以，在日光中，金光闪烁，精美壮观，显现佛光无边，保佑国泰民安，风调雨顺。

63米高的静安佛塔，不仅是静安寺院最高的佛门建筑，而且与东南角的阿育王吼狮柱遥相呼应，从而构成静安寺院乃至静安地区具有象征意义的标志性建筑。

但，对于静安寺佛塔的布局，周围环境对其影响，以及"塔上塔"的造型比例，尚有考虑不周的地方。对此，有不少人提出异议。

主要异议是，由于佛塔位置不当，造成周边建筑对佛塔的不良影响：

位于寺院西北角的静安佛塔，在其背后有一座超高层全玻璃幕墙的环球世界大厦，其与佛塔以愚园路一路之隔，相距不足30米，似乎成了五佛塔的背景"墙"。由于二者相距过近，五方佛塔在环球世界大厦玻璃幕墙上，投下了黑黑的、扭曲变形的塔影，好像有更大的"神"或"魔"把佛塔"收"了进去，实在有损于五佛塔的形象。这个现象，我们曾多次议论过。某出版社一名编辑提示，从延安路高架桥上望去，更能清晰地看到这种怪现象。为此，我还特地到延安路高架上去"取证"，果不其然。我很吃惊，金塔后面还有变了形的黑塔，形成了一实一虚的塔外塔，实是一大败笔。这说明，在规划建设佛塔时，并没考虑到周边环境及周边建筑对其造成的负面影响。环球世界大厦建造在前，静安佛塔建造于后，由于忽视了这一因素，才造成了这一尴尬局面。

静安佛塔的用地狭小，致使阁楼式方塔布置受到限制。而且，在其七层方塔屋顶上，又"顶"着一座比其底面面积还大的金刚宝座塔，其与佛寺建筑之间，与城市道路之间相当局促。加之，方塔涂以木色，方塔四周又层层出挑外廊，使得方塔塔体偏"虚"，给人一种下部方塔，难以承受上部五方佛塔重压的"失稳"之感。再者，下塔与上塔的高度比例接近1:1，更加剧了"头重脚轻"的观感。

从佛教建筑历史上，就佛塔在寺院中的位置和地位而言，有着很大的变化。从半圆形大土冢（类似土坟）的形式，发展到石塔、木塔、砖塔，而今又采用钢筋混凝土结构塔体，为佛塔向大、向高发展创造了条件。

从其功能而言，由埋葬、保存、供奉佛祖的"舍利"（佛祖遗体火化后"结出的晶莹明亮，击而不碎的砾子"）供佛徒祭拜之用的单一功能，根据需求变化向多功能发展。如，在静安佛塔中除供奉舍利外，还供着多名佛陀和菩萨，供着由108公斤纯金打造的佛鼎和相关的佛门珍品。所以佛塔除重形象重意义外，功能性也在不断增多，静安佛塔就是实例。

从其地位而言，早期佛寺的平面布局是佛门—佛塔—佛殿。佛塔是佛寺的中心和主体。到隋唐时期，佛寺以供奉佛像为主，故佛殿成为佛寺的中心和主体，佛塔被移至佛殿之后，或另设"塔园"，或干脆不设佛塔。

尽管静安佛塔被置于寺院的西北角，但就其规模和形象，在静安寺院中却占有举足轻重的地位，这也是静安佛塔成为静安寺院中耗金量最多的原因。

对于静安佛塔的布局，我倒认为可有更佳的方案：如果把静安寺院北面的香积楼加长，使其位于寺院的中轴线上，然后将五佛塔置于香积楼的中轴线之上。这样，既可以使静安寺院更具严正性和对称性，同时，从山门到佛塔也有一条"渐高"的空中建筑轮廓线。同时，可以避免北面因环球世界大厦玻璃幕墙所产生的"流言蜚语"。

所以，无论是新建寺庙或是改扩建寺庙，在规划设计前应该对环境、地形、规模、甚至建筑风水进行反复推敲。有人讲，寺庙可以不讲风水，因为寺庙自身就具镇邪功能，实属片面之词。寺庙与其他建筑一样，都离不开日照、通风、生存环境和人文根基。况且，信仰的本身就是一种"风水"。当今，我们是处在"异想天开"的网络年代，联想、臆想、胡思乱想一经上网，一进微博，就可以"传染"一大片。庄子曾言"天下每每大乱，罪在于好知"，我加一个字，"天下每每大乱，罪在于好迷知"，迷知使天下惑，天下惑引天下乱。

对于佛塔留在环球世界大厦上的"黑影"，只有像那个编辑，像我这样"精神过敏"的人，才会疑神疑鬼去专注什么"黑影"，而绝大多数市民，在寺前塔后来去匆匆，根本无暇顾及，即便止步仰望，也只是满目皆是金色的静安宝塔。

从静安寺看现代人对佛教的需要

佛教中有小乘、大乘、金刚乘三派，各派之间的教义有区别，念的经也不一样，导致了教派之间崇拜的主佛也不同。

在寺院的大雄宝殿中供奉的佛主都是本教派的最高尊佛。如玉佛寺大雄宝殿中供奉的是大乘教主释迦牟尼，而金色静安寺大雄宝殿中供奉的主尊佛是大日如来。由于佛教中佛陀太多，菩萨更多，普通人根本分不清，也记不住，哪位尊佛，哪位菩萨，哪位神仙管哪方"江山"，又有哪般"神力"。所以，往往人们进寺入庙后，不管是哪方神圣，见佛，见菩萨，见大仙就上香许愿，下跪磕头。人们以为反正都是神仙，拜哪位都灵。

有一次，我在金色静安寺中，随访了几名进寺参观或上香礼佛的普通百姓，先后向他们提过以下几个问题：

"静安寺属于佛教中的哪个教派？"

"大雄宝殿中央供奉的主佛是谁？"

"你进静安寺院主要想拜哪位菩萨？"

　　"为什么释迦牟尼大佛被置于西配殿中，而不是供在大雄宝殿中？"

　　"五方佛塔代表哪几尊佛？"

　　"你对静安寺最深刻的印象是什么？"

　　"静安寺如此富丽堂皇，你喜欢吗？"

　　在我随访中，有年轻人，有中年人和老年人，有男也有女。因为我态度谦和，又是老者，大多数人都肯和我唠上几句。

　　随访结果令我惊讶。有的人要么笑着摇摇头，有的人干脆说"不知道"或"不清楚"。其中给我印象较深的有三人：

　　一个是中年人，刚叩拜完菩萨，并向"福田功德箱"送进了一把硬币。我上前问道："不好意思，我想知道你跪拜的这尊菩萨是何方神圣？"他睨了我一眼，又转过头去看了看刚拜过的那菩萨，无奈地笑了笑，回道"我也不知道"。

　　另一个是30多岁戴眼镜的年轻人，他是来上海旅游的。我问他："对静安寺有何印象？""太奢华了，寺庙真有钱啊。"他一边说，一边把目光投向金色的大屋顶。

　　第三个是50岁左右的男清洁工，他正在大日如来佛像后面扫地，我上前用手指着镶于大日如来身后的大型玉璧浮雕，问道："师傅，这玉璧浮雕上讲的是哪位佛的故事？"他头也没抬就回道："牟尼佛。"我不禁哑然失笑，天天在寺院环境里工作耳濡目染，却连哪个殿供哪个佛都不知道，也许在他心目中，佛不分名份，都一个模样。

通过随访，我才真正领悟到南怀瑾先生的话："在中华民族中，汉族不是一个宗教性很强的民族。对于道教佛教除道士，和尚，尼姑外，老百姓信得马马虎虎。"真是一语中的。

通过随访，我更同意季羡林先生的话："汉人对宗教并不虔诚，但是利用宗教却既广泛而精明。"

恩格斯说过："宗教是由身感宗教需要并了解宗教需要的人们所建立的。"有人解释说："有宗教需求的人们感到需要有一个神，一个上帝，一个老天爷去教化其他人，于是编造了一个神，一个上帝，一个老天爷。"

需要，既是人的生存欲望，又是社会发展的原动力。正因为需要，国家的需要，民族的需要，社会的需要乃至个人的需要，一切才显得那么重要。

进寺礼佛者，基本上有以下三种情况：

(1) 有求于佛

这种情况的涉及面较广。如新婚夫妇久不生子，有人就会出主意：去寺院拜一拜送子观音；有的家中有升学考试的学生，家长望子成龙，希望子女能考上重点中学或名牌大学，进寺给佛陀上香，求佛保佑心想事成；当然还有求姻缘的，求消灾免祸的，求健康长寿的，求升官发财的……

这种情况的人往往是"临时抱佛脚"。不管求佛灵不灵，反正又花不了几个钱，买张香火券，买把"祈福如意香"，对佛拜几拜，心里默念几句许个心愿，使得担心和烦躁的心暂时得到安抚。

(2) 走过不能错过

这部分人，大多是观光旅游客。他们经过名寺古刹，一边欣赏历史古迹，一边东张西望，顺便上支香，许个愿，抽个签。以自己为例，我去风景景区或在深山老林遇到野寺古庙，不论寺庙大少，必进必看。并且，我总是拿出100元做功德，不多也不少。我想，开佛寺办道观也不容易，僧人，道士，尼姑也是以食为天。所以，我进寺入庙上香礼佛，谈不上信与不信，为的是享受这个礼佛过程。

(3) 宁可信其真

除僧人，尼姑，居士外，社会上也有一部分人信得"很深"。特别是古代的帝王将相，今天的政府官员，影艺界名人明星和富商巨贾。他们就像相信王林特异功能那样相信佛陀。这部分人很有钱，不在乎烧一捧香花上五六千元。他们做"功德"不是区区几万元，而是上百万上千万元。对于神，这部分人宁可信其有，不可信其无。他们比普通人更"在乎"佛陀。他们想借佛

的力量以大博大，升官再升官，发财再发财，明星再大腕，长寿再不老。寺庙能"辉煌"，这些人功不可没。

宁可信其真中还包括贪官污吏和恶贯满盈的人。这部分人入寺进庙，上香捐钱做功德是为了免祸消灾，或试图"放下屠刀，立地成佛"。所以，出手相当大方。如今，在习主席高举反贪大旗下，这类人在寺庙中几乎销声匿迹，他们怕出头露面被捅到网上，招来杀身之祸。所以，有的寺庙的"萧条"和寺庙改扩建资金的断裂与这不无关系。

但令人不"解"的是，有人竟然把"不虔诚"、"无信仰"说成中国人的"劣根性"，那真是别有用心。中华民族之所以有希望，正是由于他们从国情出发，从自身需要出发，不盲目"迷信"，才会有当今的发达。

对于宗教，不论是东方人还是西方人，虔而不诚或信而不仰，佛不知神不晓，只有自己心知肚明。特别是中国人，几千年来受儒教影响，人生理想是现实主义的，是人文主义的。他们对世俗生活恋而不舍，从需求出发对宗教是"利用大于虔诚"。他们对宗教的神秘主义和空想主义望而生畏，畏而生敬，敬而生需。

　　谁能回答上帝是谁？救世主是谁？马列主义者的标准答案：
上帝是——劳动大众自己。

谈名园名筑的生存环境

人类对其生存环境有要求，建筑同样对其生存环境有要求。提高建筑的生存环境质量，也就是在提高人类的生存环境质量。

近几十年来，我国城市，特别是上海等大城市建筑业的急剧发展，使城市面貌发生着巨大的变化。建筑，作为城市人们的生活功能空间和展示城市的实体要素，其生存环境的优劣将直接影响到人们的生活质量、城市环境质量和城市文化积淀的质量。

生存环境与生态环境不一样。首先要有生存环境，在生存环境满足的条件下，才能去追求高质量的生态环境。在大城市中，由于不可再生的资源——土地，已到了寸土寸金的地步。营造商要赚钱，必然追求高容积率，建筑的生存条件就只能以"兵营式"，以"混凝土森林式"，以"摩天式"铺天盖地，建筑的环境势必受到限制和影响。开发商怎么能舍得用土地去营造"生态环境"？怎么能去照顾"左邻右舍"去营造城市美？又怎么能去保护历代优秀建筑的领空领地呢？

　　"上海是个近百年建筑史实例大展厅，在世界上是不可多得的，特别在中西交融方面更是独一无二的宝库。"上海建筑文化之所以得到国内外人们的喜爱和尊重，是因为它所"具备时代特征、民族特征和区域文化特征"。"千年来，世界城市的兴衰发展史证明，一个城市的建筑文脉如果能上下得到传承，这个城市才有个性，有个性的城市才有魅力。"由此，对于近代优秀建筑的保护、更新和发展，为其提供必要的生存环境是十分必要的。这是以前冯继忠教授讲过的话。

　　可以这么说，上海近十几年来，对近代优秀建筑、著名的老城厢、历史各镇等在保护和更新方面做了不懈的努力。然而，由于现代建筑的蓬勃发展，对这些历史优秀建筑生存环境的"蚕食"、"压迫"和"围攻"，使其生存空间日渐恶化也是有目共睹的现实。在城市的现代化进程中和历史文化的保护之间肯定存在着矛盾。寻求一个好的方案，制定完整的法规，采取必要的措施就显得尤其重要。

　　对于近代优秀建筑和有保留价值的名园名筑，当前存在最大的问题是仅限于区域、平面范围的地界式围护，而忽视立体空间的全方位保护，这有悖于我国的文化特征："惯于联想类比和视觉环境的保护"原则。所以，要给予被保护的名建园名有一种联想的条件和境界。如，在袖珍的名园中能联想到真山真水真景和辽阔的天空、白云；在西式建筑中能联想到雅典、地中海的异国风情。如果抬头就是高层建筑，耀眼夺目的玻璃幕墙和数以百计的窗户在窥视着"井底之蛙"，那就是变相地在"窒息"名园名筑的生存。

"中山公园会被蚕食吗？"

中山公园建于1914年，以前叫兆丰公园，为纪念孙中山先生，于1944年改称为中山公园。

公园占地约20.90万平方米，它是一座以英式园林并融合中式、日式园林风格于一体的多风格公园。由于中山公园历史悠久，园内大树成林，绿草如茵，花卉成群，于2002年被评为上海市四星级公园。

在童年，经常由大人带我到中山公园游玩，总感到中山公园是上海最大的公园。有前花园、后花园；有"东山"有"西

山"；有可以放风筝，可以仰视天空的大草坪；有小河流水，可以划船；有高大成片的法国梧桐树，三五成群的大樟树，成片开着白花的夹竹桃和高耸入云的水杉……

站在大草坪上仰望：开阔的天空真有一种"众鸟有高飞到飞尽之际，孤云有来与已去之间"的浩瀚天际。蓝天、白云、绿树、花丛看不到一点屋宇，使人把美好的自然空间推展得很远，真有一种风光不尽之意。这是在喧闹的上海都市中心难得的一点绿洲。近几年来，随着四周高楼拔地而起，房地产商以中山公园借景为重点，新建筑尽量靠近中山公园，真有"大兵压境"之态。中山公园那种美妙的联想空间被高层建筑所界定。同济大学金经昌教授在1988年9月30日《中山公园会被蚕食吗》一文中就提到：中山公园好就好在林木很多，建筑很少。然而四周的高楼先后拔地而起，虎视眈眈地向园中窥视。于是他忧心忡忡地问："中山公园有朝一日会被蚕食吗？"

位于中山公园西南角的兆丰嘉园一期、二期34层高层住宅开盘。其中一期为多栋四单元组合，每栋楼长约100米，高约100米，与中山公园最近处不足15米；二期虽然向北转了个角度，但最近处离中山公园也仅18余米，犹如巨大的城墙。特别还应提及

兆丰嘉园不伦不类的会所,一点不给"牡丹亭"面子

紧逼中山公园的兆丰嘉园一、二期板式高层住宅,犹如巨大的钢筋混凝土"城墙",挡住了阳光,给中山公园投下了一大片悠长的"阴影"

的，在基地北角盖上了一座不伦不类的会所，离中山公园边界仅3米，紧贴中山公园的牡丹亭，真是大煞风景。兆丰嘉园朝中山公园一面板式高层住宅的造型，面孔呆板，与风景秀丽的中山公园实在格格不入。在巨大的钢筋混凝土"城墙"之下，中山公园成了弹丸之地。更为可惜的是，它挡住了阳光，给中山公园投下了一大片悠长的"阴影"。真盼望有朝一日把兆丰嘉园列为当拆之列，还名园阳光与天空。

对中山公园的"蚕食"不仅表现在公园的外围，在公园内也有严重的"蚕食"现象。有人说，中山公园越来越不像公园了：公园内道路加宽，硬地广场的面积越来越大，大有"公园城市道路化和城市广场化"的迹象。

丙申春节，我特地去公园体察，一进公园的西侧，一直延伸到园内"上海凝聚力工程博物馆"，都是一大片石质砖质硬地面。在这"广场"上，所有的树与城市广场或人行道一样设置硬质树穴，毫无公园的"绿"味。在中央大草坪东南角有四棵大龄香樟树，以前每棵香樟树四周座椅周边均为草坪，使中央大草坪有一种延伸的感觉。现在，则在四棵香樟树四周铺设仿木地板，面积竟达四百多平方米，大大"蚕食"了中央大草坪的面积。中

中山公园大草坪被日渐"蚕食"

中山公园的绿地"城市广场化和城市道路化"

央大草坪的北面欧式亭台前的硬质地面也有侵占中央大草坪的迹象。草坪，特别是上人草坪，是公园的灵气之地，请公园的管理部门和设计师们一定要手下留情，给公园多一些绿地少一些硬地；多一些曲径，少一些大直道。不要再以任何形式，任何幌子"蚕食"中山公园了。

"印第安人"来了

本文中"印第安人"指的是"上海金光外滩中心"大楼。此大楼位于延安东路222号，与外滩仅一路之隔。

这座现代风格，占地2万平方米，建筑面积达11万平方米的综合建筑体，其主楼50层，高达200米并在主楼顶部设计有超大叶冠型的楼顶，犹如印第安人头上戴的树叶叶冠。由于其过分贴近外滩，其高、其大、其近，使这位"印第安人"突现外滩众建筑之上，显得特别扎眼。当我们从外白渡桥一路向南望去，"印第安人"的闯入，把上海这条由近代中西建筑群所形成的优美天际线，破坏得"体无完肤"，我不禁惊呼："印第安人来了"。

众所周知，作为上海形象代表的外滩，从1920—1937年其风

貌已基本形成。诸如，汇丰银行大楼、海关大楼、沙逊大厦、中国银行大楼、百老汇大厦等近三十几幢具有西欧古典主义、文艺复兴的新古典主义，折中主义等建筑风格汇集于外滩，一直享有中国建筑博览会的美誉而成为浦江之美、上海之美的象征。而由这些近代优秀中西建筑所组成的城市道路、街景、建筑乃至建筑勾勒的天际线，一直是大上海形象代表和标志。然而，由于城市发展的需求，浦江及外滩周边的地块，享有"外滩钻石地块"之称。开发商不惜重金在"外滩钻石地块"拿地，其最大的目的和愿望就是借浦江之景，借外滩之势，营造企业名气和商业利益。所以，才有类似于"金光外滩中心"这样的追大追高，追奇

追怪，追名追利的建筑出现。正如"金光外滩中心"宣传材料中所写："坐拥大上海中心热点，览尽浦江两岸万千风光"，难怪自称"外滩中心"。为了"览尽浦江两岸万千风光"，其必然要突破外滩的黄金天际线，必然要建树奇特的建筑形象，必然想方设法挤入外滩金色天际线之内，以宣扬自己的"品牌"。金光外滩中心那顶叶状"印第安人"帽子，体量高大，犹如压在和平饭店的尖顶之上和海关钟楼之上的一座山，真有"一览众山小"之势，可谓大煞风景。

我真不敢相信，类似于"外滩中心"的这类建筑，这类不顾上海外滩风貌，为追名利而一意孤行的建筑，都是怎么被审批通过的？我曾多次强调，对于历史风貌的建筑物及建筑群的保护，不仅仅是在建筑上挂上"近代优秀保护建筑"的牌子就一了百了，也并不仅仅是划定保护界限就高枕无忧，而是要保护其视觉环境，实行领地领空的立体保护，给著名历史建筑一种实质性的"安全感"。早在2002年8月召开的上海城市美学论坛上，专家们就呼吁，要保护好城市的视觉环境，保护类似于上海外滩近代建筑群所形成的视觉环境美，这应该也必须是开发商、政府和建筑师以及市民的重大责任，以避免类似于"印第安人"来了的镜头屡屡重演。

是谁侵犯了马勒别墅的"肖像权"

2005年上海市静安区人民政府为马勒别墅挂牌，上面记载着：

"马勒住宅为英籍富商马勒所建，由华盖建筑事务所设计，1936年竣工，是栋北欧风格的花园别墅，以其豪华和精致著称。马勒是1919年来上海闯荡的冒险家，著名的船商。经营马勒机器造船有限公司和中国马勒有限公司，为此这所豪宅的楼梯口设计

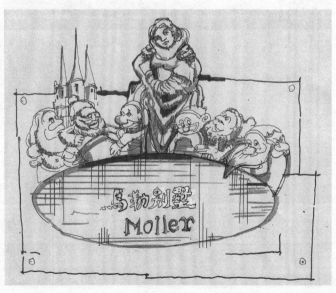

得类似船上的设施，护壁上的雕花也多为上海风光，很能体现主人的意趣。新中国成立后上海市团委在此办公。现为衡山马勒别墅饭店。"

由此可见，马勒别墅至今已有80年历史，并在1989年被上海市政府列为第一批近代优秀建筑保护单位。

据传，马勒别墅是马勒依照其最宠爱的小女儿的一个梦境设计的。占地约5 000平方米，其中包括花园2 000平方米。建筑总面积3 000平方米，其中三层主楼建筑面积为2 400平方米。在建筑顶部建有标志性塔楼，是一座具有典型的北欧挪威斯堪德那维

上海四方城的四个塔楼大有"喧宾夺主"之嫌

亚情调的乡村城堡式别墅风格的建筑。

　　值得一提的还有两处：一处为南侧2 000平方米的草坪花园中植有龙柏，雪松等名贵树木，和一尊青铜马的雕像。

　　另一处是，马勒别墅的具有特色的围墙，其用三色泰山砖川字形相拼，有较强的立体感，与马勒别墅外墙材质有所呼应，构

117

思巧妙可见一斑。

但马勒别墅作为上海近代建筑中的一朵奇葩，并没引起足够的重视和关注。如，在延安西路陕西路口高架上的道路指示牌上，把近在咫尺的马勒别墅漏标。马勒别墅原在草地上的青铜马，也被随意移动位置，移至饭店门口作为引客的标志，有破坏原有风貌之嫌。其不知青铜马是马勒别墅的"魂"，因为马勒初期是靠一匹赛马发迹的。更可悲的是城规部门和文化保护单位，竟然允许在马勒别墅的西侧，紧贴马勒别墅建设"咄咄逼人"的四栋8至9层高的连体公寓，更不能容忍的是此四栋公寓的顶上，竟然移植马勒别墅其有象征意义的北欧塔楼的式样，抢尽了马勒别墅的"风头"，而且侵犯了马勒别墅的"肖像权"，严重破坏了马勒别墅的独一无二的建筑风貌。

有一天，我与大学同班同学，时任北京一出版社总编辑徐家和走过马勒别墅时，他指着马勒别墅后面的四栋商品房上的尖塔顶说："张冠李戴，太不像话！"

这四栋"侵权"的建筑，是指位于巨鹿路568弄1-10号的"上海四方新城"内的5号、6号、7号、8号四栋联体楼。由于其为了借"优秀历史建筑"的"光"，以达到提高自己的知名度和房价的目的。这种"紧逼"名筑现象，在上海屡见不鲜，严重破坏了历史著名建筑的生存环境和视觉环境。对类似四方新城这种抄袭现象，有的开发商和建筑师还美其名曰"与环境融合"，与"周边建筑相和谐"。其不知这种所谓的融合和谐"是对城市景观历史文化价值的不尊重和亵渎"。对于这种抄袭行为，理应该追究其侵犯"肖像权"的法律责任！

对于在名筑、名园周围营建新建筑时，规划部门应严把"保护"的关，不仅仅平面的保护，而且要重视空间"领空"的保护，对建于名建名园周围的新建筑要进行三限：即"限高度"、"限距离"和"限风貌"。只限距而不限高，只限高而不限貌，都将造成对名园名筑的生存环境和视觉环境的损害。

上海摩天"三兄弟"的困惑

——简评上海金茂、环球金融中心和上海中心的建筑风貌

在1994年到2015年的21年中，在浦东陆家嘴金融中心先后建起三座上海最高的摩天大楼：上海金茂大厦、上海环球金融中心和上海中心（上海市民昵称为三兄弟）。成为全球瞩目的浦东CBD中心的中心。城市超高层公共建筑追求地标性，奇特性是城市景观塑造的需要，同时也是设计者或者设计团队追求个性化效应的重要手段。这已经成为世界大都市地标性景观建筑设计的不可抗拒的潮流。建筑潮流的发展一直是从低级到高级，从粗犷到精美，从平庸到奇特。但是不管是普通市民的视觉感受，还是建筑界的内部评说，这先后建成的上海摩天三兄弟似乎是逆向发展的典型案例，无论是外部形象上，还是文化内涵上，它们不是一座比一座更亮丽，一座比一座更完美，而是一座比一座更难看丑陋，一座比一座更令人迷茫。下面按次序分别论述。

金茂大厦

当"大哥"金茂大厦刚立起在浦东陆家嘴金融区时，浦东黄浦江沿岸的一些高层建筑也没塞满，亭亭玉立的宝塔形的金茂大厦出尽风头，绝对是浦西外滩黄金游线上的一道亮丽的风景。那时，外滩隔着黄浦江观赏的游客无不赞美这座摩天楼：既有丰富的中国传统建筑文化的内涵又有新时代科技的精神。

金茂的建成，大大提升了上海作为国际大都市的超高层建筑水平。金茂大厦与台北101大楼相比毫不逊色，二者都是宝塔型，但上海金茂大厦外部曲线更秀气，更玲珑，予人以更丰富的想象力。

金茂大厦的方案创意是中国宝塔风貌与西方先进建筑技术相融的结晶。世人皆知，佛塔、宝塔、文峰塔在中国已有千年历史，而且形式多样。而密檐塔更是遍布我国东西南北中。其中，北京妙应寺塔，西藏江孜白居寺"十万佛塔"，云南大理千寻塔，辽北的辽代天宁寺塔，河南登封嵩岳寺塔，等等的密檐式塔真是多姿多态，美不胜收。而金茂大厦的创意正是采纳了方形或多边形中国传统密檐式塔的造型风姿。

　　密檐宝塔的"塔檐"之间的距离，由下而上越来越密，从而形成"密檐层层接云天"之势，同时也符合人们的近大远小，低疏高密的"透视"感受。

　　中国佛塔——被称为"佛性人性的融合体"，是中华民族喜闻乐见的传统建筑艺术品。塔，不仅是弘扬佛法闪烁佛光的吉祥物，而且也具有改造风水的作用，成为许多古代城镇化凶为吉的标志性高耸建筑物。所以民间多称为宝塔。金茂大厦的建成，确实也成为浦东CBD君临天下的至尊标志。

　　这就是为什么金茂大厦深受人们喜爱的原因。由于金茂大厦内含的"塔魂"，使它先后获得了新中国50周年上海十大经典建筑金奖第一名；第二十届国际建筑师大会艺术创作成就奖；伊利诺斯世界结构大奖；2013年获得LEED-FB任金级认证和2015年评为"中国当代十大建筑"等等奖项和荣誉称号。这是之后相继建成的"上海环球金融中心"和"上海中心""丢魂落魄"的形象所望尘莫及的。

设计理念和创意是建筑设计的灵魂。如果建筑不与城市环境，不与民族的历史文化对接，建筑就可能成为功能性的机器，从而缺失鲜活的生命力。金茂大厦的设计创意的成功，就是能在现代的（无论是后现代还是新现代的）建筑中植入中华传统文化尊重中国人的审美喜好的成功案例。

上海环球金融中心

2008年8月竣工的上海环球金融中心（简称"环球"），建在金茂的东侧，两座大楼之间的外边缘距离接近110米，它是继金茂之后的上海第二座摩天大楼，它比金茂高出72米，建成后一跃成为当时上海第一高楼。"环球"从设计到建成耗时11年，几乎超出了常规高层建筑建设周期的一倍，所以，其背后必有故事。

首先，"环球"建筑方案从一公布就引起人们的争议，可谓出师不利。

环球大厦的初始方案，其造型不是常见的矩形平面直上直下的长方体，而是从顶部"削"了两刀，形成了简约的，有棱有角的，平滑流畅的多面体。其最精致的部分是在"头部"开了一个圆形空洞，犹如中国园林建筑中的圆形景窗。由于上部是圆形，下部是方形，其方案设计理念中有"天圆地方"的中华文化内涵。其次，这个圆形"空洞"还起到了减弱高层建筑风压的作用，所以也称为"风洞"。然而这个方案一面世，有些富有"政治头脑"的人物就指出：大楼削去的两块面所形成的形状就像两把日本武士刀，而圆形风洞，犹如红日，形似日本国旗。二把军刀和日本国旗竟然插在浦东陆家嘴上海金融的心脏上，其狼子野心显而易见。它不仅伤害了中华民族的感情，而且引起社会和网上的议论。之所以引发这种"爱国"联想，是由于该项目是日本森大厦株式会社为主投资建设的（其实是联合日本、美国等多达40几家企业共同投资和兴建的）。日本人投资的项目，不由使得曾受到日本军国主义侵害的中国人多了一份警惕性。

如果不是日本人投资兴建，换任何一个国家投资建设这座大厦，"两把武士刀"和那圆洞形似的"太阳"，就很容易被理

解为"双手托着一轮明月"是那么富有诗情画意。而且"天圆地方"的设计理念也会得到赞许和认可。

　　但是，在这"大是大非"面前，许多赞同"天圆地方"理念的，许多赞美具有中国传统圆形"景窗"象征意味的评委和决策者们只能摇摇头，叹叹气，不想因此背上"汉奸"、"卖国贼"

之类的骂名。然而，正是这些人的胆怯，给上海国际大都市城市面貌上留下了永久的"伤痕"。

修改后的实施方案，仅仅把圆形风洞改成倒梯形风洞。然而，这么一改，使得"环球"的设计理念迷失，它象征什么？代表什么文化？什么精神？等等都已无从谈起。况且这个倒梯形空洞在风水上并非吉祥的符号。

实际上，环球原方案的空圆和金茂的塔顶所形成的"绝配"，会使我们联想到中国塔影后面相伴的明月所形成的仙景。想到这，我们不禁要为环球圆洞方案在处理与其相邻的金茂大厦的关系上的相得益彰而鼓掌。

持有"爱国"观点的人们，硬把军刀和日本旗强加于"环球"的联想，实际上是不值一驳的。凡是圆的，都可被隐喻为日本旗，那也太为日本旗吹捧了吧。况且，"环球"上的圆，是空心的，我们留意过网上有一幅日本国旗图案上面的红日落了下来，日本旗成了空心汤团。如果这么联想，环球上的空心圆应该暗示着日本必将没落……

今天，"环球"的败笔成真，我们为"环球"失去原方案的瑰丽形象而深感惋惜。我们的专家，官员和媒体为什么不能吸取历史教训：极"左"思潮的实质是一种自卑，不仅是一群人的自卑，而且是民族文化的自卑。坚持真理，坚持正确的舆论导向，有时就要付出牺牲，甚至会背上莫名的指责。今天，这样敢于面对压力的正直之士实在太少了。

上海中心

623米高的"上海中心"（以下简称"中心"），是一座集办公、酒店、餐饮、商业、景观等多功能的综合性建筑，一跃成为上海的第一高楼。

"中心"建成后，其与"金茂"、"环球"各相距120米左右，三座摩天楼成三角鼎立之势。

如今"中心"已建成，其外形外貌美还是丑，为什么"中心"会继"环球"之后，又成为一座具有争议的建筑？其原因并不在于"盲目追高"，而在于它的形象设计的失败。

有人说，"中心"像医用针管。就其双层玻璃幕墙和圆柱体造型，就像玻璃管里套着另一个玻璃管。怪不得清华大学周榕副教授形象地比喻："我看像针管，对于这样一个'针管'能不能

中国塔，千姿百态，承载了宗教、美学、哲学、风水学等诸多文化元素，被誉为"佛性人性的综合体"

给上海经济注入强心剂，我们深感怀疑。"

更有人说，"中心"像一座超大型的"玻璃烟囱"。不少市民、观光客都有这种观感。如果从浦西隔着黄浦江看上去，其造型不仅像烟囱，而且由于外层玻璃幕墙的旋变，使其形象更像一座东倒西歪的烟囱。特别在阴天、雨天和雾霾天，其"烟囱"效果更令人难忘。

"上海中心"设计方案由国内外许多设计单位参与投标，经筛选仅两家入围。一家是英国福斯特建筑事务所"尖顶型"方案，另一家是美国Gensler建筑设计事务所Marshall-strahala建筑师的"龙形"方案。

由于Marshall-strahala设计的方案采用双层玻璃幕墙，且外

中国园文化

层幕墙以120°垂直缓慢扭曲上升 "曲变"，其"寓意"中国龙在腾升。龙，从古到今，中华民族一直以龙的传人自喻，更何况，龙还代表着至高无上的权力和吉祥圣物。由于中国人对龙的崇拜，使"龙形"方案最终胜出是意料中的结果。再说，这名建筑师，以前在美国SOM事务所工作过，SOM事务所设计的塔形"金茂"的成功，提醒了这位建筑师，在中国投标，方案介绍中一定要多讲中国文化元素的融合，不管是无中生有也好，还是移花接木也罢。

现在，"中心"树了起来，无论近看还是远瞻，"中心"的"龙"连影子也看不到。追其原因是外层白玻璃幕墙的旋升的那条曲线或曲面"行动"极其缓慢，人们的观赏停留时间又短暂，无法察觉它的变化。其次，中国龙的形象是头大体长，"中心"上的龙头在何方？上部还是下部？根据"中心"圆柱体是下部粗，上部细，那么龙头应在下方，这与华夏儿女心中龙的形象是大相径庭的。

实际上，设计"中心"的美国建筑师Marshall-strahala，是一名高层建筑领域中的设计奇才，其与Aarian smith，Ce' sarpelli两位著名建筑师，因在全世界超高层建筑领域中享有

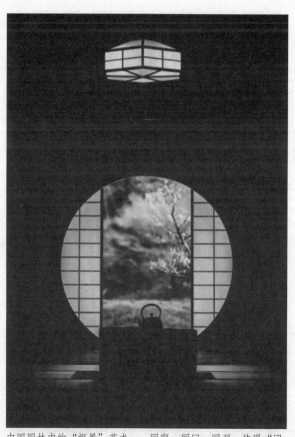

中国园林中的"框景"艺术——园窗、园门、园洞，体现"团圆""圆满的精神境界"

圆月与佛塔的绝配

崇高威望而名列前茅。中国渴望，上海更渴望能由世界级精英设计师提供具有"国际水准的创意"。对此，英国爱丁堡大学建筑保护学教授迈尔斯·格信迪宁描述道："结果是循规蹈矩的本地设计事务所被挤到一边，富有冒险精神的海外设计事务所获得了青睐，它们提供了一套诗意化的解构主义方案，充满了建筑设计'新理论'的说辞"，从而'蒙骗'了评委们的眼睛。"格信迪宁还说："他们试图做到：既能表达环境脉络，又能抵制平庸通用的设计，并把他们的高度个性化、诗意化和夸张的设计隐喻式强势介入都市环境中。"从而可见"中心"采用所谓"龙"的传说，是极模糊，极抽象的隐喻，以设计师美丽的动漫和效果图，以诗意般新潮的说辞，最终达到了"巧取豪夺"的目的。实际是期望和效果差距太大，显然，我们的领导和评委上当了。在我们正忙于"消灭"城市烟囱的同时，反而又建了一座世界第一高大的"烟囱"。而且，这座超世烟囱建在上海金融中心最繁华最显眼的位置，是为了"融"金还是为了烧钱？这不能不说是一个讽刺。

德国建筑师帕特里克·舒马赫在2008年就说过"参数化主义"，已经是"占有统治地位的，唯一一种先锋（都市主义）设计手法"，并且"已经取代现代主义而成为下一波的系统化创新浪潮"。上海这三座摩天大楼也是"个人+电脑"而产出的一种新型的"无序都市主义"。这种无序在我国，在海湾等国家像雨后春笋般急剧长出的摩天大楼上得到了充分的证实。其中，也不乏存有如金茂大厦那样的优秀作品，但也有不少丑陋难看，遭人吐槽的案例。究其原因，并不在于参数化的现代设计超数字技术，而在于决策者和把握城市整体规划和设计的能力。建筑师都是标新立异的，都善于夸张的诗一般的说辞，为了得到重大项目，他们巧舌如簧，天花乱坠，但我们要记住一条简单而又永恒的美学原则，"多样的统一"。今天欧洲城市如巴黎，如伯尔尼，还有许许多多小城镇，整齐的街道，美丽的广场，高耸的教堂予人们美不胜收的观感，其主要原因也是遵循了"多样统一"的城市规划设计原则。"三"，是中国人崇拜的数字，在中国传统城市中，像大理三塔那样的名景有不少。所以我们曾设想过，既然金茂大厦密檐塔的形象众口一词地博得赞赏，何不再造两座有宝塔禅意的高塔，中国式宝塔，种类繁多，造型各异，在吸取古代佛塔DNA的基础上再创意，完全可以形成三塔鼎立，互相顾盼的美妙意境，在国际大都市上海塑造"东方三塔"的城市建筑奇观。

城市空间环境必须是有机的、流畅的、统一的，只有在统一的文化传承的基座上标新立异，城市重要地标建筑才会得到市民大众的接受和传颂，才会获得较好的专业评价和学术肯定。

后　语

　　鉴赏和批评的眼光，是一个好建筑师必备的品质。如果浑浑噩噩，人云亦云，媚俗媚上，就不配做个合格的建筑师。老同学振宇兄，今年七十又六，已是一个准耄耋的老人，但依然勤勉益壮，带着一体多病之躯，每天朝七晚六，准时开车去同济上班。一年365天，几乎天天无休。振宇兄尽管有些老眼昏花，但赏识和批评的眼光，历经岁月的磨炼，更加犀利。每每外出，他总要对建筑市容说三道四，评点一二。今振宇兄将平日所议所论，整理成文，结集出版，名曰《过滤》，实是用心良苦。

　　《过滤》，虽然只是粒"石子"，但必将在我国一片阿谀之风渐盛的建筑评论界，激起圈圈的涟漪。记得十年前，振宇兄《过招》一书新出，闲谈之中我一句戏言：你应该出三本随笔，效仿禹王治水"三过家门"之典，曰张氏"三过"，或可成传世之作。经不懈努力，在繁重的设计任务之余，兄果然又出《过境》《过滤》二书，圆了当年"三过"之心愿，让弟钦佩不已。

我国普利兹克建筑奖得主王澍有言：能写、能说、能画、能做是建筑师必备之才华。在振宇兄的《过招》《过境》《过滤》"三过"中，亦足见他之"四能"。此书有人生感悟，有成功经验，又有成才之路，不愧是建筑学者和各专业人士的一盏可以"借光"的明灯。

《过滤》完稿后，振宇兄言；首本《过招》，尔为序；末册《过滤》，尔为跋，可谓有头有尾，有始有终之大吉之象。余曰："然也"。于是，有此跋文。

刘天华

丙申猴年·三月初三

图书在版编目（CIP）数据

过滤 / 张振宇著. -- 上海：同济大学出版社，
2016.8
ISBN 978-7-5608-6272-9

Ⅰ.①过… Ⅱ.①张… Ⅲ.①城市规划 - 建筑设计 -
研究 Ⅳ.①TU984

中国版本图书馆CIP数据核字(2016)第062164号

过滤

张振宇　著

责任编辑/荆　华
装帧设计/陈益平
出版发行/ 同济大学出版社
　　　　　　地址：四平路1239号　邮编：200092
经　　　销/ 全国新华书店
印刷装订/ 上海安兴汇东纸业有限公司
版　　　次/ 2016年8月第1版
印　　　次/ 2016年8月第1次印刷
开　　　本/ 889mm×1194mm　1/32
字　　　数/ 124000
印　　　张/ 4.75
书　　　号/ ISBN 978-7-5608-6272-9
定　　　价/ 28.00元